内隐自尊理论与实践

——基于实证研究与心理健康教育

许 静 著

上海大学出版社
·上海·

图书在版编目(CIP)数据

内隐自尊理论与实践：基于实证研究与心理健康教育/许静著.—上海：上海大学出版社,2018.6
ISBN 978-7-5671-3124-8

Ⅰ.①内… Ⅱ.①许… Ⅲ.①大学生-自尊-内隐反应-研究 Ⅳ.①B842.6

中国版本图书馆 CIP 数据核字(2018)第 110008 号

责任编辑　陈　强
装帧设计　倪天辰
技术编辑　章　斐

内隐自尊理论与实践
——基于实证研究与心理健康教育

许　静　著

上海大学出版社出版发行
(上海市上大路 99 号　邮政编码 200444)
(http://www.press.shu.edu.cn　发行热线 021-66135112)
出版人　戴骏豪

*

南京展望文化发展有限公司排版
上海华教印务有限公司印刷　各地新华书店经销
开本 890mm×1240mm　1/32　印张 9.75　字数 202 千
2018 年 6 月第 1 版　2018 年 6 月第 1 次印刷
ISBN 978-7-5671-3124-8/B·102　定价　38.00 元

PREFACE >

序　言

"自尊"这一心理学概念的提出,距今已经有100多年的历史,却始终是心理学研究的热点之一,围绕自尊开展的心理学研究也相当丰富。综合心理学理论观点,自尊被视为建立在归属感和掌控感基础之上的,源于对自己的能力和价值的情感性评价。自尊既包括信念,比如说"我是值得被爱的","我是有能力的","我可以做一些事情的";也包括情绪和情感,比如说"我对自己的感觉很好","我觉得很自豪",或是"我对自己感觉很差","我觉得很羞耻"等。自尊体现为一种对自我的态度,即我们如何看待我们自己,如何感觉我们自己。

在人们的精神世界里,自尊占据着重要位置,它不仅关系到个体的心理健康,而且影响到个体的人格发展,进而影响到其学业成就、工作绩效、幸福感和满足感等。高自尊的人拥有更多的自信心和更乐观的态度去面对人生,也更容易达到自己所确立的目标和实现自己的价值。

在过去很长的一段时间里,自尊的测量采用的是自我报告法或内省法,由于东方文化中特有的含蓄和内敛的传统,测量的结果往往低于西方文化的个体,但是否表示东方文化的个体不够自信呢?可能不尽然。从某种意义上,谦虚是东方文化中个体提升自我的一种独特方式,当人们面对夸奖回应"哪里,哪里"时,内心对自己还是持肯定态度的。

20世纪90年代,随着内隐社会认知理论与其新的测验技术的出现,对自尊的研究有了全新视角,社会认知神经科学的发展也为自尊研究提供了助力,促使内隐自尊研究开启新篇章。内隐自尊是指无意识对自我的一种积极肯定倾向,是自我态度长期累积形成的自动化心理状态,内隐自尊与外显自尊是相对分离的。这可以解释生活中我们所看到的某些现象,为什么有些人能力强,有自信,但不张扬;有些人表现优秀,也自知自己优秀,却深感自卑,自我感觉很差。内隐自尊会影响人们应对消极反馈、人际应激和像悲哀意念之类的不愉快想法或感受。内隐自尊与外显自尊之间的不一致,导致个体在外在表现与内在感受之间的反差与冲突,特别是那些高外显自尊/低内隐自尊(也称为脆弱型高自尊)的个体更需要我们关注,缘由是他们的抗压能力可能更低,遭遇挫折时更容易出现危机。

本书作者许静是一位心理学博士,她多年来始终关注内隐社会认知领域的研究,结合自己的专业知识,将研究主题确定在内隐自尊的探讨上。她以科学严谨的态度，扎实的心理学理论功底，对大量相关理论进行梳理，深入阐述自尊的话题，利用现代认知神经科学技术和社会认知测验方法，开展了细致认真的内隐自尊实证研究，得到了富有新意的、有价值和可借鉴的研究结论。此后又在大学生思想政治教育的实践中，将内隐自尊的研究成果融入其中，利用一切可能的途径，在提升大学生自尊水平的同时，更好地服务于中国特色社会主义核心价值观的培育工作。

在习近平新时代中国特色社会主义思想精髓的引领下，本书可以帮助读者理解和运用内隐自尊效应，领略和建构大学生与中华优秀传统文化之间的亲近感，增强大学生对社会主义核心价值观情感上的认同感，激发大学生对实现中华民族伟大复兴的"中国梦"的使命感，对指导大学生心理健康发展来说，具有重要的理论意义和实践价值。

华东师范大学心理与认知科学学院

梁宁建

2017 年 11 月 15 日

目　录

第一部分　自尊——永不过时的主题

第一章　自尊的理论概述　003
　　第一节　自尊的缘起及含义　003
　　第二节　自尊的理论模型　005
　　第三节　自尊的现实意义　008

第二章　内隐自尊的理论概述　011
　　第一节　内隐自尊的概念　011
　　第二节　内隐自尊的相关理论　013
　　第三节　内隐自尊效应——判断中的自我肯定
　　　　　　倾向　017
　　第四节　内隐自尊的 IAT 与 GNAT 研究方法　019
　　第五节　对内隐自尊研究方法的思考　022

第三章　内隐自尊的研究现状　025
　　第一节　内隐自尊的特性　026
　　第二节　内隐自尊与外显自尊的关系　029
　　第三节　内隐自尊的形成过程及现实意义　030

第四节　对内隐自尊研究的整合性思考及整体构想　032

第二部分　方法——拨云见日的工具

第四章　社会认知神经科学　039

　　第一节　社会认知神经科学概述　039

　　第二节　社会认知的神经基础　042

　　第三节　社会认知神经科学关于自我的分析　045

　　第四节　对本研究的启示　047

第五章　事件相关电位(ERP)技术　049

　　第一节　ERP的基本概念与技术原理　049

　　第二节　ERP的研究分类　051

　　第三节　ERP的主要成分　053

　　第四节　ERP的主要研究领域及应用　056

第六章　解释偏差(explanatory bias，EB)技术　063

　　第一节　EB的概念及与归因的关系　063

　　第二节　EB方法的特点　066

　　第三节　EB方法在内隐社会认知领域的应用　067

第七章　眼动(eye movement，EM)的心理学研究　071

　　第一节　眼动实验原理　071

　　第二节　阅读过程中的眼动研究　074

　　第三节　眼动研究的应用及方法评价　076

第三部分 实证——接近真理的步伐

第八章 用 GNAT 范式对内隐自尊的 ERP 研究　081

第一节　前言：内隐自尊与 GNAT　081

第二节　研究方法：被试、材料、实验程序与数据收集　085

第三节　结果：感受性指标（d'）、反应时指标与 ERP 数据　087

第四节　讨论：GNAT 中的内隐自尊效应、与他人内隐态度的关系等　093

第五节　结论　097

第九章 成败内隐自尊的 ERP 研究　099

第一节　前言：内隐自尊与成败　099

第二节　研究方法：被试、材料、实验程序与数据收集　103

第三节　结果：感受性指标（d'）、反应时指标与 ERP 数据　105

第四节　讨论：自我与他人成败事件的内隐偏向　118

第五节　结论　123

第十章 内隐自尊解释偏差（EB）研究 I　125

第一节　前言：自我肯定倾向与解释偏差　125

第二节　研究方法：被试、材料、实验程序与数据收集　130

第三节　结果：EB 分值、影响因素、与内隐和外显自尊的相关检验　132

第四节　讨论：EB、GNAT 与 SES 测验结果分析　138

第五节　结论　143

第十一章　内隐自尊的眼动研究　145

第一节　前言：眼动技术在内隐自尊研究中的尝试　145

第二节　研究方法：被试、实验仪器、实验材料、实验设计及实验程序　149

第三节　结果：注视时间、瞳孔大小、与外显自尊的相关　151

第四节　讨论：眼动数据中的内隐自尊效应　155

第五节　结论　160

第十二章　内隐自尊解释偏差（EB）研究 II　162

第一节　前言：EB 测量的优缺点及发展前景　162

第二节　研究方法：被试、材料、实验程序与数据收集　165

第三节　结果　167

第四节　讨论：EB、GNAT 与 SES 测验结果分析　175

第五节　结论　181

第十三章　总讨论　182

第一节　关于不同实验范式下观察到的内隐自尊效应　182

第二节　各种内隐自尊测量方法的信效度　187

第三节　内隐自尊与内隐他人态度的关系　190

第四节　性别对内隐自尊及内隐他人态度的影响　195

第五节　关于内隐自尊的生理机制及 ERP 技术的运用　200

第六节　关于 GNAT 研究方法　203

第七节　关于 EB 研究方法　205

第八节　关于眼动记录技术　209

第四部分 展望——人我共赢和谐

第十四章 内隐自尊研究总结与展望 213
第一节 主要研究结论 213
第二节 研究意义与特色 216
第三节 未来研究展望 217

第十五章 大学生内隐自尊研究的新进展 220
第一节 大学生内隐自尊与人际交往 221
第二节 大学生内隐自尊与情绪情感 224
第三节 大学生内隐自尊与生涯发展 228
第四节 大学生内隐自尊与社会行为 231

第十六章 内隐自尊视角下大学生思政工作的实践思考 235
第一节 明晰时代形势,坚持与时俱进 235
第二节 传承中国文化,构建自信认知 238
第三节 巧用内隐自尊,实现情感共鸣 241
第四节 注重体验实践,促进认同固化 245

附录1 研究一中 GNAT 实验所使用的刺激材料 250
附录2 Rosenberg 自尊量表(The Self-esteem Scale, SES) 251
参考文献 253
后记 297

PART 1

第一部分 >>

自尊——永不过时的主题

第一章
自尊的理论概述

自尊的定义众说纷纭,自尊的理论模型各不相同,但自尊的重要性毋庸置疑。

第一节 自尊的缘起及含义

一百多年前,美国心理学家 William James 最早在心理学界提出自我(self)的概念,并声称"自我是个人心理宇宙的中心",居于心理学中的首席位置。自尊(self-esteem)作为个体自我系统的核心成分之一,自从 James(1890)对其进行开创性研究以来,受到社会心理学、人格心理学、发展心理学和教育学等的广泛重视,并在心理学、社会学、哲学以及日常生活等领域内被普遍使用。

尽管关于自尊的研究在心理学上非常丰富,但是由于心理学家各自的研究目的和考察问题角度不同,所涉及的自尊层面不同,对于自尊的定义,心理学家们仍然众说纷纭,观点不一,自尊所包含的范围也未达成共识(蔡华俭,2002;杨福义,2006)。因而,Smelser(1989)提出了关于自尊的"定义迷宫(definitional maze)"。

处于个人主义文化背景下的主流欧美心理学家多数观点更强调一种与个人标准比较之后的态度,由个人现实与个人预期或潜能的差异所引发的积极或消极态度。而处于集体主义文化背景下的国内心理学者的观点中较多涉及社会比较,倾向于个体对自我的态度是与社会标准比较之后的态度。

可见,"自尊"这一概念具有很强的社会性,带有本土文化的特点,表现出跨文化的差异性。

鉴于自尊的重要性及其复杂多变性,Mruk(1999)运用现象逻辑学的方法,依时间线索,全面整理"自尊"的定义,希望综合不同观点,找到被普遍接受的综合视角,来理解自尊的本质。结果发现,自尊的基本结构由自尊的基础成分(the basic components of self-esteem)、自尊的存在特性(the lived qualities of self-esteem)和自尊的动态性(the dynamics of self-esteem)三个方面组成。Mruk认为全面地界定和把握自尊的本质至少应该涉及三个方面:其一,自尊应该包括某种能力、价值及其相互关系;其二,自尊应基于认知和情感两个基本心理过程;其三,自尊是一个动态过程,相对于类似人格、智力这样更具稳定性的心理特征,自尊更具有开放性(Sigelman & Shaffer, 1995)。于是,Mruk提出"自尊是个体能不断地以一种有价值的方式应付生活挑战的能力状态"。国内的魏运华(1997)、张静(2002)、田录梅与李双(2005)

等也提出各自的见解。总体上看,能力和价值是自尊产生的基础和来源,认知评价和情感过程是自尊产生的核心过程和表现。自尊最核心的含义就是对自我的情感性评价,是对自我的态度。

在现代实际生活中,自尊是万能药,被认为与社会经济地位和健康及相关行为的各个方面有关,丛晓波等(2005)认为自尊是心理健康的核心。一方面,自尊作为个体自我系统的核心成分之一,其发展状况不仅与个体的心理健康有着直接的联系,而且对个体整个人格的发展有着重要的影响;另一方面,自尊作为一个起中介作用的人格变量,对个体的认知、动机、情感、品德和社会行为等均有重要影响(Campbell & Lavallee, 1993)。

在心理学学术领域,自尊也是一个非常流行的概念,实际上它已经和几乎所有其他心理学概念或领域相关,其中包括人格(例如羞怯)、行为(例如任务绩效)、认知(例如归因偏向)和临床概念(例如焦虑和抑郁),并被包含进许多理论模型中,包括依从(Brockner, 1984)、吸引(Hatfield, 1965)、劝说(Rhodes & Wood, 1992)、认知不协调(Steele, Spencer, & Lynch, 1993)、主观幸福感(subjective well-being, Diener & Diener, 1995),以及社会比较加工(Aspinwall & Taylor, 1993; Gibbons & Gerrard, 1991; Wood, Giordano-Beech, Taylor, Michela & Gaus, 1994)等。

第二节 自尊的理论模型

关于自尊的理论模型,主要有自尊的情感模型、自尊的认知模型和自尊的社会学模型(Brown, 1998)。

一、自尊的情感模型

自尊的情感模型认为自尊以归属感(belonging)和掌控感(mastery)这样两种不同类型的情感体验为特征。归属感起源于社会交往经历,是指个体感到自己无条件地被喜欢或被尊重的感觉;掌控感在本质上更具个人化,是指人们感到自己有能力对外部世界施加影响的感觉。归属感与社会接受相对应,而成功的行为则与掌控感相对应,两者共同决定了个体的自尊水平。这两种情感通常产生和发展于个体生命的早期,是亲子交流与互动的结果,健康的亲子关系能够为高自尊奠定发展基础。由于已经形成的自尊模式会自动化或前意识地指导我们如何看待自己、他人及个人经验(Epstein, 1990),因而尽管后来经历也会对自尊产生影响,但是重要性可能不如亲子关系。

二、自尊的认知模型

自尊的认知模型关注个体如何有意识地判断自己作为人的价值,强调个体在各个领域对自己的评价将决定其自尊水平。自尊形成的认知模型有三个,即逐项相加(add-em-up)模型、重要性加权(weight-em-by-importmance)模型和自我理想模型。从认知的视角来理解自尊的本质和起源,需要考察自尊与自我评价之间的关系。Brown(1998)研究发现,自尊与人们的自我评价具有显著的相关,同低自尊的人相比,高自尊的人认为自己在许多社会期许的特质上表现得更好。无论是高自尊组还是低自尊组的被试,评价自己都比评价大多数他人更为积极,在高自尊组中更为明显。高自尊者不仅倾向于认为自己所有方面都好,而且倾向于拥有界定清晰和相对稳定的自我概念(Campbell,1990;Campbell & Lavallee,1993),高自尊组的个体对别人表现出相对较高的尊重。尽管低自尊者对自己的评价不如高自尊者积极,但他们并不消极描述自己,而是可能通过贬损他人来试图弥补自己的不足感(Epstein & Feist,1988;Fromm,1963;Rogers,1951)。低自尊者往往需要花费更长时间来评价自己,自我评价表现出更大的不一致性,且对自己是否拥有这些品质的报告更不确定。

三、自尊的社会学模型

自尊的社会学模型假设自尊受到社会因素的影响,如果个体认为自己受到社会上大多数人的尊重和重视,那么个体就能拥有高自尊(Cooley,1902;Mead,1934),于是研究者会考虑社会学变量(如种族、宗教、性别、职业声望、收入、教育水平、社会地位等)对自尊的影响。但实验研究却发现,成功、富裕、受过良好教育并享受社会特权的人并不比在这些方面不足的人拥有更高的自尊(Crocker & Major,1989;Wylie,1979),此外,关于性别因素如何影响自尊的研究尚未达成共识(Feingold,1994;Maccoby & Jacklin,1974;Bolognini,Plancherel,& Halfon,1996;Josephs,Markus,& Tafarodi,1992)。基于自尊的社会学观点提出的理论还有:社会特性理论(social identity theory,Tajfel & Turner,1986)、自尊的恐惧管理理论(terror management theory,Solomon et al.,1991)、自尊的社会度量计理论(sociometer theory, Leary & Downs,1995)等。

第三节 自尊的现实意义

一、自尊与学业成败

传统理论认为,学业上的成功将导致自尊的提高。而20世纪60年代以来的新观点则强调自尊的提高对学业成就的影响(Wiggins et al.,1994)。Shavelson 和 Bolus(1982)的研究甚至证明了学生的自尊与学业成绩存在着因果关系。自尊与学业成败的关系还表现在自尊如何影响个体对成败反馈的反应。从总体上说,自尊对人们应对积极反馈的方式影响很小(Brown & Dutton,1995;Campbell,1990;Zuckerman,1979),但高自尊者和低自尊者面对消极反馈的表现却差异显著(Josephs et al.,1992;Baumeister et al.,1989;Tice,1993;Rhodewalt et al.,1991),Blaine 和 Crocker(1993)认为,高自尊者在对消极事件的反应中比低自尊者有更多的自我服务偏好(self-serving bias),包括自我服务归因、有利的社会比较、品质归属等。

二、自尊与人际关系

通过自我报告法得到的结果表明,高自尊者的社会生活比低自尊者要好得多、丰富得多、满意得多(Baumeister et al.,2003),自尊、自我接纳可能是影响大学生社交焦虑的重要因素之一(刘明, 1998; 高文凤、丛中, 2000)。他评结果却发现, 自尊的高低与在人际交往过程中的受欢迎程度没有相关性, 而且在自我受到威胁的条件下, 低自尊的人比高自尊的人更受欢迎(高迎浩, 陈永强, 马云献, 2005)。

在自尊与攻击行为的关系研究中, 近期比较被认同的是自我中心被威胁(threatened egotism)学说和高自尊异质性(heterogeneity of high self-esteem)学说, Kernis, Grannemann 和 Barclay (1989)认为, 自尊高低及稳定性如何将会影响对自我威胁的敏感性, 进而影响攻击性及愤怒倾向(Baumeister, Smart, & Boden, 1996), Jordan, Spencer, Zanna 等(2003)在文章中也赞同此观点。

三、自尊与心理健康

大量研究表明, 自尊是影响心理健康的重要因素。自尊水平较高的个体, 表现出较低的焦虑水平、更高的生活满意度和更高的主观幸福感(殷华西, 2004; 范蔚、陈红, 2005; 耿晓伟, 2005), 个体对自己有意识的积极评价(即自尊)有利于心理健康(钱铭怡、肖广兰, 1998; 钱铭怡、黄学军、肖广兰, 1999)。对自尊的实验研究表明, 对自尊的威胁会导致焦虑, 焦虑反过来又会导致个体对自尊的防御, 并且个体所采取的防御策略因情况不同而不同(Bennett & Holmes, 1975; Burish & Houston, 1979)。Beck (1979)认为, 抑郁者具有一种消极的自我图式, 它导致抑郁者以一种消极的、扭曲的方式加工信息。Brown 及其同伴提出, 低自尊与后来的消极生活事件结合起来, 加大了人们产生抑郁的可能性(Brown, Bifulco, Veiel, & Andrews, 1990)。而 Butler 等人

(1994)却发现,易变的或反应性的自尊比稳定的低自尊更能预测抑郁。

尽管以往有关自尊的个体差异及其对个体认知、情感和行为影响的研究文献已经相当丰富,但是研究者一般都是采取自我报告的方式来对自尊进行直接测量的。直接测量方法的运用是基于这样的假设,即个体能够通过内省在意识层面上接触到内在的自我评价。研究者发现,个体对自我的评价中还有一部分是存在于潜意识中的,是自我也无法觉察的。而且,自陈量表难以消除社会期许效应的影响。于是,学者们尝试以某种间接的方式对自尊加以测量,以便反映出个体无法或没有意识到的自尊层面,即内隐自尊。

第二章
内隐自尊的理论概述

内隐自尊概念的出现,丰富了对自尊的理解。心理学家们开发方法来测量它,提出理论来阐述它。

第一节 内隐自尊的概念

20世纪90年代以来,内隐社会认知(implicit social cognition)理论以及新的研究方法,为深入探讨自我意识提供了全新视角,内隐自尊(implicit self-esteem)也成为内隐社会认知的一个热点和焦点问题(Greenwald et al., 1998; Farnham et al., 1999; Greenwald & Farnham, 2000)。以往通过自我报告法或内省法对自尊所进行的研究,与内隐自尊研究对应,被称为外显自尊(explicit self-esteem)研究。

Greenwald & Banaji(1995)提出了内隐自

尊的概念,认为内隐自尊是对同自我相连或相关的事物做评价时,一种通过内省无法识别出(或不能正确识别出)的自我态度效应,即做出积极自我评价的倾向。内隐自尊是针对主体自我的一种无意识的评价或态度,是自我态度长期累积形成的自动化状态,而且往往表现出一种积极倾向,其发生不需要任何外显鼓励,人们也缺乏对展示外显自尊的意识,其预期效应通常是,当事物与自我建立联系时个体就会对其产生积极的评价。

诸多内隐社会认知研究中,研究者发现人们对自我持肯定态度,评价与自己有关的事物时往往具有明显的积极性(Hetts, Sakuma, & Pelham, 1999; Bosson, Swann, & Pennebaker, 2000; Koole et al., 2001)。自我肯定动机(self affirmation motivation)和自我提升动机(self-enhancement motivation)使个体偏向于自我感觉良好、自我胜任感强的信息。人们在很大程度上不能有意识地评估自己的内隐自尊(Gailliot & Schmeichel, 2006),一些研究认为内隐自尊与外显自尊同样是人格、认知和行为的一个重要而有意义的成分(Adler, 1930; Horney, 1937)。例如,内隐自尊将影响人们如何应对消极反馈(Dijksterhuis, 2004; Greenwald & Farnham, 2000)、人际应激(Hetts & Pelham, 2001; Spalding & Hardin, 1999)和像死亡意念(Gailliot, Schmeichel, & Baumeister, 2005)这样的不愉快想法或感觉(Jordan, Spencer, Zanna, Hoshino-Browne, & Correll, 2003; McGregor & Marigold, 2003)。人们也发现内隐自尊能够预测人们在日常生活中体验到的情绪(Conner & Barrett, 2005)。在内隐自尊和外显自尊各为独特现象的情况下(Bosson, Swann, & Pennebaker, 2000),内隐自尊应该超越外显

自尊的单一研究,帮助人们更深入地理解自尊。

第二节　内隐自尊的相关理论

一、认知—体验理论

认知—体验理论(cognitive-experiential theory)由 Epstein(1985)提出,试图整合传统精神分析中的无意识与现代认知心理学关注的意识以及新近的内隐认知研究的结果,最早尝试从认知立场来理解自尊,因而影响广泛,能解释许多与自尊有关的问题和现象。Epstein(1985)的认知—体验理论为理解关于自我的内隐信念提供了有用的框架,Epstein 假设人们的思维存在两种信息加工模式,一种是认知的、理性的系统,另一种是情绪驱动的、非理性的系统。它们分别代表个体适应现实的不同心理系统,主导个体外显和内隐的自我评价。前者在意识水平上运作,以深思熟虑为特征,在认知资源充分的意识状态下发生;后者在无意识水平上运作,以加工信息的整体性和迅速高效为特征,在认知资源相对缺乏、情绪状态下发生。因而,自我系统也同样存在这样两个部分,一部分是逻辑的、理性的,需要意识控制的,另一部分是基于大量经验上的潜意识的自动化过程。"我是可爱的(或不可爱的)人"这样的经验信念反映了对自我的一种自动化、情感性的评价,它存在于意识之外,换句话说,就是内隐自尊(Bosson et al.,2000)。他把自尊定义为一种基本的需要,感觉自己是值得被爱的。作为一种基本需要,自尊是一种意识或无意识的动机性力量,驱使个体通过内隐自尊和外显自尊共同维持自尊系统的一致性和整体性。

二、内隐整合理论

Greenwald & Banaji(1995)首次提出"内隐自尊"概念时,同时提出了"内隐态度"和"内隐刻板印象"两个概念,三者共同组成了内隐社会认知的主体。之后,基于对内隐种族(性别)认同、内隐种族(性别)态度等与内隐自尊之间关系的研究(Banaji, Greenwald, & Rosier, 1997; Farnham, 1999; Farnham & Greenwald, 1999; Rudman et al., 2000),Greenwald 等人(2002)进一步将内隐自尊与内隐态度、内隐刻板印象、内隐自我概念相整合,构建新的理论框架,提出了内隐态度、内隐刻板印象、内隐自尊和内隐自我概念的整合理论。

该理论认为,存在社会知识结构(social knowledge structure, SKS),如图 1-1 所示。该结构中包括了与一位老年女性学者心理的自我概念、自尊、刻板印象和态度等社会心理结构相对应的联结。节点(椭圆)代表概念,连线(直线)代表联结,连线的粗细表示联结的强弱。自我概念包括"ME"节点与社会角色(教授、祖母)和特质属性(聪明、运动的)等概念之间的联结;自尊是"ME"节点直接或通过自我概念各成分间接与效价(+++或---)联结的集合;刻板印象是群体概念(例如,老人、祖母、教授、男性、女性等)与属性概念的联结;而态度则是社会概念直接或通过刻板印象各成分间接与效价联结的集合。其中,内隐态度和内隐刻板印象是以内隐自尊和内隐自我概念为基础的,内隐自

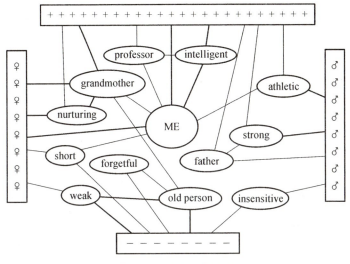

图1-1 社会知识结构

尊越强,内隐自我概念越牢固,内隐态度就越积极。例如,内隐自尊高的女性被试潜意识非常认同自己的性别角色,那么她对于女性的态度就会非常积极。基于社会心理学中认知协调的理论观点,社会知识结构中的各种重要联结应该是协调一致的,即个体对群体的刻板印象、对自己所属群体的认同与自我概念、自尊之间应该保持协调,Greenwald 等人提出了平衡守恒设计(the balanced identity design)作为检验理论相关预测的方法。

三、双重态度模型

Wilson, Lindsey, Schooler(2000)提出的双重态度(dual attitude)模型认为,个体对同一态度对象会有两种不同的评价,其中一种是自动的、内隐的,另一种是外显的。双重态度是通过态度改变的一般过程形成的,当对事物的态度发生效价变化时,形成新的态度,旧的态度并没有消失,而是被新态度压制在内隐层次里,原来习惯化了的态度可能继续以一种自动化的内隐方式影响行为和认知。内隐态度和外显态度也有可能本身就分属于两种不同的系统,内隐的无意识系统和外显的意识系统,且两者独立存在。吴明证、梁宁建、许静等(2004)发现的内隐态度矛盾现象表明对同一事物多元评价存在的可能性。个体在某时某地采取何种态度取决于其是否拥有提取外显态度的认知能量,以及他们的外显态度是否能掩蔽内隐态度(Wilson, Lindsey, & Schooler, 2000)。根据这一理论,如果把双重态度模型扩展到自我态度上,意味着个体可能由于新近更新了自我观而同时拥有内隐和外显两种相对不一致的自我态度。当认知资源充分并具有相应的动机时,外显自我态度将起主要作用,而内隐自我态度将受到抑制;而在高时间压力或高认知负荷下,内隐自我态度将起主要作用(Koole, Dijksterhuis, & Van Knippenberg, 2001)。

四、双重信息加工模式理论模型

Smith和DeCoster(2000)提出的双重信息加工模式理论模型也有助于解释内隐自尊的形成和存在。该模型假定存在两种独立的信息加工模式,一种是规范模式(rule-based mode),它是理性的,有意识的,通过操纵符号知识来引导并需要意志努力的信息加工。另一种是联结模式(associative mode),它是直觉性的,无意识的,通过在刺激之间快速形成联结来引导而无须意志努力的信息加工(Epstein, 1994)。就自我评价而言,规范模式可能产生经过意志控制的自陈式自尊,而联结模式则可能调节个体对内隐自尊间接测量的反应,从这个角度看内隐自尊实际上就是自我与积极或消极情感的有效联结(Greenwald & Farnham,2000;Farnham,1999)。在 Smith 和 DeCoster(2000)的模型中,尽管规范模式和联结模式经常可以通过协作来引导个体作出同一反应,但这两种模式也可能相互分离且包含不同甚至相互冲突的信息。因而,由规范模式和联结模式引导的信息加工有时会使内隐自尊和外显自尊协调一致,有时则会使个体产生显著不同的自我评价,导致内隐自尊和外显自尊的分离。

第三节 内隐自尊效应——判断中的自我肯定倾向

Greenwald 和 Banaji(1995)对既往大量支持内隐自尊效应的研究进行了总结和梳理,将其概括为三大类,即实验性内隐自尊效应(experimental implicit self-esteem effects)、原生内隐自尊效应(naturally mediated implicit self-esteem effects)和次级内隐自尊效应(second-order implicit self-esteem effects)。众多的内隐自尊效应现象具有一个共同特点,即当某人、事或观点以某种方式与自我建立直接或间接联系之后,个体会对其产生积极、肯定的评价或偏好,个体对自我无意识的积极评价将影响其对与自我相关事物的态度。在这里只对与实验部分关系最密切的"判断中的自我肯定倾向(self-positivity in judgment)"加以详细阐述。

判断中的自我肯定倾向,是指人们在对事物的结果进行归因时的一种偏向,即人们倾向于将与预期一致的结果归因于自己,而对不理想的结果则从外部寻找原因,甚至会重构自己的判断和记忆以维持积极的自我形象,属于次级内隐自尊效应。个体总是以不平衡的方式处理与自我有关的积极和消极信息(Taylor,1991),这类效应指个体在缺乏明确意识时作出与自尊有推理联系的判断,从而维护和促进自尊。Greenwald(1980)认为判断中的自我肯定倾向是自我认知偏向的一种表现,这种积极的自我肯定认知偏差具有适应性功能,能够保护自我作为知识结构的完整性。自我肯定认知偏向有很多表现形式(Krueger, 1998),例如,当自我与他人比较时,人们通常会判断自己在健康、社交技巧或成就等很多维度上比他人积极(Pahl & Eiser, 2005);人们可能消极判断他人却高估自己的优点(Walton & Bathurst, 1998),高估自己产生预期结果的能力(Alloy & Abramson, 1988),对未来的看法比实际情况更乐观(Weistein & Klein, 1995),与自己关系越亲密的人,对他们未来的看法也更乐观(Regan, Snyder, & Kassin, 1995)。一些研究发现,自我积极偏向在积极属性和事件上表现得比消极属性和事件上要明显。Taylor 和 Brown(1988)回顾了自我积极错觉的证据,再次阐明了这些偏向的适应性功能。在分析抑郁患者认知过程的基础上,Beck(1979)、Scheier 和 Carver(1992)以及 Seligman(1991)指出自我肯定在正常(非抑郁)人群中的重要性和适应性。判断中的自我肯定倾向还与刻板印象和偏见有特殊关联(Crosby, 1984; Taylor, Wright, Moghaddam, & Lalonde, 1990)。

第四节 内隐自尊的 IAT 与 GNAT 研究方法

由于内隐自尊的无意识性,个体无法通过自我反省来了解,于是研究者们在借鉴内隐社会认知研究方法的基础上,开发出许多间接测量方法来评定内隐自尊,并避免了自我展示、自我增强等的影响。内隐自尊测量方法与范式的理论假设是:人们对与自我相关联刺激的评价受其对自我无意识积极评价的影响;一旦遇到态度对象,自我评价会被自动激活,使某种特定的情感处于自动化加工状态,从而促进对与该情感一致目标词的识别或加工等(Bosson, Swann, & Pennebaker, 2000)。目前内隐自尊的测量方法主要有九种,即阈上态度启动任务(supraliminal attitude-prime task)、阈下态度启动任务(subliminal attitude-prime task)、Stroop 颜色命名任务(stroop color-naming task)、首字母和生日偏好任务(initials and birthday preference task)、内隐自我评价调查(implicit self-evaluation survey)、自我统觉测验(self-apperception test)、内隐联想测验(implicit association test, IAT)、Go/No-go 联想测验(the Go/No-go association test, GNAT)、外部情绪性 Simon 任务(the extrinsic affect simon task, EAST)。在这里,只介绍使用最为广泛的 IAT 方法及本研究中使用的 GNAT 方法。

一、内隐联想测验

内隐联想测验由 Greenwald, McGhee, Schwartz(1998)提出,

最初主要作为内隐态度测量方法,目前已经被广泛应用于各个内隐社会认知领域。IAT以认知心理学中态度的自动化加工(包括态度的自动化启动及启动的扩散)为基础,通过测量概念词与属性词之间自动化评价性联结的紧密程度间接测量各种内隐社会认知,以反应时为测量指标。如果概念词与属性词之间的联结与被试的内隐态度一致,辨别归类自动化进行,难度较低,因而反应速度快,反应时短;如果概念词与属性词之间的联结与被试的内隐态度不一致或被试的内隐态度中两词之间缺乏联结,则会导致被试的认知冲突,辨别归类需要较为复杂的加工,难度较高,因而反应速度慢,反应时长。

Greenwald和Farnham(2000)将IAT方法用于测量内隐自尊,通过计算机化的按键分类任务来测量自我词和非我词与愉快(积极属性)词和不愉快(消极属性)词之间自动化联系的紧密程度。根据Greenwald, McGhee, Schwartz(1998)的建议,在计算结果时,首先要把反应时低于300毫秒的计为300毫秒,高于3 000毫秒的计为3 000毫秒,错误率超过20%的予以剔除,然后对所有的原始反应时数据进行对数转换,再分别计算相容组和不相容组的平均反应时,将后者减去前者所得之差即为IAT效应值,表明相对于不愉快(消极属性)词而言被试把愉快(积极属性)词与自我联系的强度,作为内隐自尊的指标。Greenwald考察了可能影响IAT测验结果的各种因素,发现均对结果无显著影响。Dasgupta, McGhee, Greenwald(2000)等研究发现刺激词的熟悉程度对结果也无显著影响,表明IAT程序本身具有可靠性和稳定性。Bosson(2000)发现IAT在用于测量内隐自尊时显示出良好的内在一致性($\alpha=0.88$)和重测信度($\gamma=0.69$),并且预测效度较佳。

二、Go/No-go 联想测验

Nosek 和 Banaji(2001)在 IAT 方法的基础上发展出 GNAT 的测量方法。GNAT 本身并不是对 IAT 的否定,而是对 IAT 的有机补充。GNAT 可以考察单一目标类别(如水果)与属性概念(如积极和消极评价)之间的联结程度,弥补了 IAT 需要提供两类相应的类别维度、不能对单一对象(如花或昆虫)进行评价的不足。GNAT 还吸收了信号检测论(signal detect theory, SDT)的思想,补充了 IAT 所采用的单一反应时测量指标,考虑了错误率所包含的信息,关注了反应速度与反应准确性之间的平衡关系。GNAT 不仅能测量个体对自我的内隐态度,还可以同时测量个体对他人(非我)的内隐态度,具有比 IAT 更多的灵活性和更广的适用范围。GNAT 也被运用于内隐社会认知的其他领域。首先,它可对难以找到适宜比较对象的单一对象进行评价,如考察被试对吸烟的态度;其次,它在保持反应竞争任务的同时考察个体对不同对象的偏好,如考察个体对群体外和群体内成员的态度;此外,它还适用于那些包括不同特征而又无明显比较类别的对象,如对女教师或老教授的态度。

实验中设计了目标刺激(信号)和干扰刺激(噪声),如目标类别(自我)和积极评价(聪明)作为信号而目标类别(他人)和消极评价(愚蠢)作为噪声。当呈现"自我"或"聪明"时被试按空格键做出反应(称为 Go),当呈现"他人"或"愚蠢"时被试不做出反应(称为 No-go)。根据信号检测论,将对"Go"的正确按键反应称为"击中",对"Go"的错误不按键反应称为"漏报",对"No-go"的正确不按键反应称为"正确拒斥",对"No-go"的错误按键反应称为"虚报",可以参照公式得出感受性指标(d'),表明从噪声中辨别出信号的能力,d'值越大说明反应正确率越高。GNAT 以两个阶段的 d'值作为考察指标,用感受性指标(d')的差异来反映类别和评价之间的联系。其原理在于:如果信号中的目标类别和属性类别概念联系紧密,那么相对于联系不太紧密或没有联系的情况,被试更具有敏感性,更容易从噪声中分辨出信号,即 d'值更大。在 GNAT 的实施过程中,作为噪声的刺激不需要被试反应,因而需要控制刺激的呈现时限(response deadline),当刺激呈现达到这一时限而被试未做出反应时,刺激将消失。研究表明,刺激呈现时限会影响个体的反应敏感性,刺激呈现时限以 500~850 毫秒较为适宜(Nosek & Banaji, 2001)。

第五节 对内隐自尊研究方法的思考

尽管内隐自尊的研究方法多种多样,但是抛开理论基础不谈,单从信度、效度等心理计量学指标上来看,并没有哪种方法能够完全让研究者满意。Bosson 等人(2000)检验并比较了六种内隐自尊测量方法的信效度,结果发现,在不同的测量之间结果差异很大,内隐联想测验及首字母和生日偏好任务的内在一致性及重测信度尚可,有些方法重测信度之低甚至威胁到其测量人格的有用性;在聚合效度上,不仅信度不好的测量方法与可信的测量方法之间没有显示出聚合效度,而且即使是可信的内隐测量方法彼此之间只存在低相关,甚至是负相关(rs = -.011 至 0.23);预测效度上也只有 IAT 方法表现较好;不过各种方法与外显自尊之间的相对独立让我们相信这些方法确实与外显自陈量表不同。其他研究者也得出了类似的结果(如 Greenwald & Farnham, 2000; Koole, Dijksterhuis, & van Knippenberg, 2001; Farham et al., 1999; Hetts, Sakuma, & Pelham, 1999; Pelham & Hetts, 1999)。

即使是目前使用最广泛、各种信效度指标表现较好的 IAT 方法,也受到了研究者的质疑。Fazio 和 Olson(2003)指出,采用内隐态度测量方法的研究其理论基础还不够完善,对测量方法的机制研究还不够深入。IAT 的提出者也没有明确阐述 IAT 的底层认知机制。Karpinski 和 Hilton(2001)提出的环境联结模型(environmental association model)认为,IAT 反映了社会文化中概念与概念之间的联结强度,而非个体的倾向性,表现的是个体所掌握的社会背景知识而非个体真实信念,与现实生活有一定的距离。Rothermund 和 Wentura(2001)提出,根据图形—背景的不对称理论(figure-ground asymmetry theory),IAT 分类任务中决定反应速度的关键因素在于样例刺激本身的"突显性(salient)"。俞海运(2005)提出,IAT 的操作过程中被试只是对单一刺激做出反应,这种反应是否代表了对刺激所指代的更广靶概念、靶群体的态度,是值得商榷的。其他质疑还包括反应标准转换(shift in response criteria, Brendl, Markman, & Messner, 2001)、任务切换(task-set switching, Gawronski, 2002)、反应键意义的习得(De Houwer, 2001)等。

这样的结果必然引发人们对测量内隐自尊可行性及应用价值的思考。研究者一方面要在现有各种内隐自尊测量方法的基础上加以改进和提高，以寻求更具有良好信度与效度的测量方法，另一方面需要进一步反思内隐自尊的本质，是否正如"盲人摸象"一样，内隐自尊可能本身就是具有多个侧面的复杂结构，不同的测量方法只能触及其中的某一个侧面，有些测到的是个体对自我的内隐态度，有些测到的是自我内隐态度所引发的结果，即内隐自尊效应。

针对这样的状况，笔者希望一方面对已有的研究方法加以创新，另一方面尝试发展新的研究方法。对 IAT 方法的质疑中很重要的一点，就是其与现实生活的联系，分类反应的结果是否能够真实反映个体的真实信念和态度，另一点就是 IAT 测量出来的是相对态度而不是绝对态度。采用 GNAT 方法能够分别测量内隐自尊及内隐他人态度，减少两种态度彼此之间的干扰，如果能够将 GNAT 方法中的简短词汇刺激材料换成具有一定现实情境性的事件语句，则可以缩短实验室实验与现实生活情境之间的距离，使其更具有生态效度。此外，基于内隐自尊的多面性及社会认知神经科学的研究思路，本研究还尝试结合 ERP 技术、眼动记录技术及 EB 方法，对内隐自尊加以多层面探讨。

CHAPTER 3>>

第三章
内隐自尊的研究现状

近十年来,内隐自尊研究正得到迅速发展。笔者于 2007 年在美国权威心理学光盘数据库 PsycINFO 上以"implicit self-esteem"为关键词进行检索发现,截至 2007 年 3 月,有关内隐自尊的研究记录有 80 条。已有的内隐自尊研究主要涉及内隐自尊的特性、内隐自尊与外显自尊的关系、内隐自尊与行为的关系、内隐自尊与心理健康的关系、内隐自尊与其他心理认知结构的关系,等等。关于内隐自尊的跨文化研究、内隐自尊形成理论的研究也日益增多,并有少量临床方面的报告。对包括内隐自尊在内的内隐社会认知生理机制的探索,也随着社会认知神经科学研究的发展逐渐引起研究者们的关注,对此将在后面的章节里加以阐述。

第一节　内隐自尊的特性

内隐自尊是个体对同自我相连或相关事物的一种积极态度评价,是无意识积极自我态度的体现(Greenwald & Banaji,1995)。内隐性、普遍性、自动化、积极倾向是内隐自尊的特性,内隐自尊的稳定性与可变性也得到了很多研究者的关注。

Kitayama 和 Karasawa(1997)在日本大学生身上发现姓名首字母和生日偏好,与 Heine,Lehman,Markus & Kitayama(1999)发现的日本人自我批评现象不同,体现了内隐自尊的内隐性、积极性及跨文化性。Greenwald 和 Farnham(2000)、蔡华俭(2003)、Aidman 和 Carroll(2003)利用 IAT 方法证实男女被试都倾向于将自我词和积极词归为一类,表明在被试的自我图式中,自我与积极的词语联系更为紧密,自我词所激活的自我态度为积极肯定的,自我肯定效应具有普遍性,不因性别和种族而变。耿晓伟、郑全全(2005),周帆、王登峰(2005)和马爱国(2006)等国内研究者以 IAT 方法为工具开展内隐自尊相关研究,也获得了类似的研究结果。张镇(2003),张镇、李幼穗(2005)对不同年龄阶段与不同性别青少年的内隐自尊加以测量,发现内隐自尊在青少年中普遍存在,不随年龄变化而改变,表现出跨年龄、跨性别的普遍性及长期的稳定性。

Koole,Dijksterhuis 和 Van Knippenberg(2001)研究发现,姓名字母偏好具有一定的稳定性。Pelham 和 Hetts(1999)认为,由

于内隐自尊是在大量经验累积基础上形成的潜意识、自动化、整体性自我评价,因而具有稳定性,只有通过新经验的累积才能逐渐发生变化。Hetts, Sakuma 和 Pelham(1999)发现,个体从集体主义文化中移居到个体主义文化区,其内隐自尊在短期内难以改变,似乎是较为长期稳定的个人特质,比外显自尊的结构更为稳定。Verkuyten(2005)在移民荷兰的土耳其人身上也发现了类似的结果。

内隐自尊的稳定性毕竟只是相对的,其稳定性与个体当前的情绪、动机和认知资源等密切相关,会受到情境的影响。Woike(1995)发现与自我相关的情绪体验会影响内隐自尊。Koole, Smeets, Van Knippenberg 和 Dijksterhuis(1999)考察了积极和消极反馈对内隐自尊的影响。另有研究表明,当被试面临自我死亡威胁时,其姓名首字母偏好将降低(Koole, Dechesne, & Van Knippenberg, 2000)。Koole, Dijksterhuis 和 Van Knippenberg(2001)发现,诱导被试以一种有意识的方式评价姓名字母和生日数字时,首字母和生日偏好都被抑制;只有在被试不经过思考或承受压力时才会表现出自动化的自我态度;要求被试以非常快的速度或在较强的认知负荷下进行的自陈式评价与内隐自我评价存在相关。这表明,内隐自尊的稳定性与个体的认知资源及动机密切相关。蔡华俭、杨治良(2003)提示,内隐自尊易受到即时的自我相关情绪体验的影响,具有不稳定性。当个体的兴奋水平、情绪唤醒水平较高,动机较为强烈时,内隐自尊的作用将受到抑制。张镇、李幼穗(2005)认为,内隐自尊既有一定的稳定性,也会由于情境的变化而产生波动,积极的情境线索启动会扩大内隐自尊效应,而消极的情境线索启动会降低内隐自尊效应,后者比前者的启动效应更大。内隐自尊的可变性还表现在研究者通过经典条件反射(classical conditioning)和阈下评价性条件反射(subliminal evaluative conditioning)等方式来增强内隐自尊的尝试获得了成功(Baccus, Baldwin & Packer, 2004; Dijksterhuis, 2004),表明了在内隐自尊领域运用基本学习规则的潜在效用,阈下评价性条件反射对内隐自尊的增强效果甚至可以使被试抵御来自智力方面的负性反馈。

DeHart等人(2003)提出特质内隐自尊(trait implicit self-esteem)和状态内隐自尊(state implicit self-esteem)的概念来帮助人们更好地理解内隐自尊的稳定性与可变性。特质内隐自尊是指个体习惯性的(一般的)内隐自尊,而状态内隐自尊是指在任一特定时刻的阶段性内隐自尊。特质内隐自尊的改变是非常缓慢的(Hetts et al., 1999),而状态内隐自尊则可能因当前经历而发生波动(Dodgson & Wood, 1998; Jones, Pelham, Mirenberg & Hetts, 2002; Koole, 2004)。DeHart等人(2003)采用姓名字母偏好任务来研究内隐自尊的来源及稳定性。结果发现,来自离异家庭的孩子其特质内隐自尊比来自完整家庭的孩子低,是否具有清晰的自我概念将影响着个体在经历负性生活事件时其状态内隐自尊的变化情况。DeHart, Pelham和Tennen(2006)发现,特质内隐自尊与早期母子互动有关,父母养育较好的青少年比父母养育较差的青少年表现出更高的特质内隐自尊,但那些受到父母过分保护的青少年其特质内隐自尊水平则较低。

第二节　内隐自尊与外显自尊的关系

许多研究者发现,内隐自尊和外显自尊之间没有显著相关。Greenwald 和 Farnham(2000)运用结构方程建模证实两者是相对独立、同时又存在低的正相关,其他研究也得出相似的结论(如,Bosson et al.,2000)。蔡华俭(2003)也证明,东方文化下内隐自尊与外显自尊是相对独立的两个不同结构,耿晓伟、郑全全(2005)发现中国文化中的自尊结构也包含内隐和外显两个成分。Pelham 及其同事(2005)从性别差异角度考察,发现女性比男性社会化程度更强,与感觉和直觉联系更紧密,其内隐自尊与外显自尊之间的联系也比男性要强,表现相对一致。周帆和王登峰(2005)从人格角度进行研究,发现内隐自尊作为一个独立于外显自尊的内隐态度结构,与各个人格特质不存在显著的相关。

大量研究发现,外显自尊与内隐自尊在不同个体身上会有不同的组合,两者的高低不存在必然联系(蔡华俭,2002;DeHart et al.,2003)。Smith 和 DeCoster(2000)研究发现内隐自尊比外显自尊高时,外显自尊通常不稳定;而外显自尊比内隐自尊高时,外显自尊相对稳定。杨福义、梁宁建(2005)发现,问题学生与普通学生的内隐自尊—外显自尊组合状况不同,前者有内隐自尊高于外显自尊的倾向,后者有外显自尊高于内隐自尊的倾向。Kernis,Abend,Goldman 等(2005)发现,与外显自尊和内隐自尊相一致的被试相比,那些外显自尊和内隐自尊存在差异的被试表现出更多的自我提升,对组外成员的消极评价更多。Riketta(2005)的研究不仅重复了 Pelham 等人(2005)的发现,即内隐自尊和外显自尊在女性中比男性中相关要强,而且发现社会期许反应(特别是自我修饰成分上)独立于性别因素调节着内隐—外显自尊之间的相关。

Bosson, Brow, Zeigler-Hill 和 Swann(2003)发现,在高外显自尊的个体中,那些对首字母偏好较弱(内隐自尊较低)的个体表现出更多不切实际的乐观、对极端积极人格侧面的强烈偏好和较小的实际自我—理想自我差异(actual-ideal self-discrepancies),证明高外显/低内隐自尊个体特别可能出现补偿性的自我增强行为,提出可以通过首字母效应结合外显自尊测量这样相对简单的方式来区分安全型高自尊(secure high self-esteem)和脆弱型高自尊(fragile high self-esteem),其他学者也认为高外显/低内隐自尊结合产生一种以放大的自我增强为特征的脆弱型自尊形式(Epstein & Morling, 1995; Hoyle, Kernis, Leary, & Baldwin, 1999)。Lambird 和 Mann(2006)发现,安全型高自尊在自我受到威胁后能表现出较好的自我调节,只有脆弱型高自尊被试才在具有防御性时出现自我调节失败。Zeigler-Hill(2006)的研究得出结论:脆弱型高自尊被试的自恋水平最高,安全型高自尊被试具有最稳定的自尊。

第三节 内隐自尊的形成过程及现实意义

内隐自尊以个体自幼年便开始习得的自动化自我态度为基础,通过内隐自我态度自动激活产生作用。个体在无意识中对自我拥有一种积极的肯定评价,从某种程度上说是个体发展的产物。发展性研究表明,个体在婴儿时期就开始形成一种基本形式的自我评价,具有情感性辨别(Fernald,1993)、自我认知等能力,而且个体自童年期起就有一种对积极反馈的明显偏好(Swan & Schroeder,1995),表明人类天生就有一种建立积极肯定自我的倾向,这些对个体后来的自我评价形成具有重要的意义。尽管由于青春期自我同一性混乱的干扰,个体的自我肯定倾向在意识中不那么明显,儿童早期便开始形成的积极自我还是因过度学习而自动化并内化到自我图式之中(Paulhus,1993;Swann et al.,1990),将以一种不自觉的、自动化的、内隐的方式表现出来,即出现大量的内隐自尊现象。正是由于内隐自尊是在大量经验积累的基础上所产生的潜意识的、自动化的整体自我评价,是自我与积极评价之间一种根深蒂固的自动化联系,因而是难以改变的,只有通过新经验的积累而发生渐变(Pelham & Hetts,1999)。

内隐自尊不仅会影响非言语行为,也会对言语行为或外显行为产生影响。Spalding 和 Hardin(1999)提出,非言语行为由于不受个体的意识控制,更可能受到内隐自尊的影响,而言语行为通常受意识控制,更可能受到外显自尊的影响。Greenwald 和 Farnham(2000)发现,当个体受到威胁性的负反馈时,内隐自尊能够较好地预测负性情绪,低内隐自尊者受负反馈的影响较大,强烈的正向自尊需要动机表现在言语行为上。Bosson,Swaan 和 Pennebaker(2000)发现,高内隐自尊者比低内隐自尊者在言语行为上表现得更好。Meagher 和 Aidman(2004)发现,内隐自尊能预测被试对反馈本身的情绪反应。Bonner(2003)研究了内隐自尊对内隐和外显偏见的影响。李晓东、袁冬华(2004)发现,内隐自尊对行为式自我妨碍和自陈式自我妨碍均有影响。张荣娟(2005)发现,内隐自尊对高外显自尊个体的防御性和攻击性具有积极的调节作用。

内隐自尊与心理健康不同方面的关系不同,有些研究认为内隐自尊与心理健康、主观幸福感关系紧密(Shimizu & Pelham, 2004;耿晓伟,2005),而有些研究认为内隐自尊与心理健康无显著关系(周帆、王登峰,2005; Bosson et al., 2000; Diener et al., 2003),还有的研究认为虽然内隐自尊本身与心理健康无关,但内隐自尊与外显自尊的分离状况与个体心理健康、主观幸福感有关(杨福义、梁宁建,2005;吴明证、杨福义,2006;徐维东,2006)。这些差异的产生,可能与测量心理健康时多采用自陈量表有关,自陈量表难免受到社会期许的影响,因此与无意识的内隐自尊出现冲突或分离的情况也是情理之中的。研究者们还探讨了内隐自尊与焦虑的关系(De Jong, 2002;蔡华俭,2002),以及内隐自尊与抑郁的关系(Gemar, Segal, Sagrati, & Kennedy, 2001;蔡华俭,2003; De Raedt, Schacht, Franck, & De Houwer, 2006)。

第四节 对内隐自尊研究的整合性思考及整体构想

一、对内隐自尊研究的整合性思考

自尊这种心理现象本身就具有跨学科的意义,社会心理学、认知心理学、基于神经的生理心理学、人格心理学、教育心理学、发展心理学、咨询心理学等领域都将其视为自己非常重要的研究对象之一。内隐自尊的研究目前说来也相当热门,似乎原来与自尊有关的方方面面都被研究者拿来与内隐自尊建立联系,从心理健康、人格重塑到攻击行为、情绪反应,几乎囊括了现实生活和学术理论的全部。

不过,正像在内隐自尊与心理健康的关系中看到的那样,很多情况下人们只是考察内隐自尊间接测得的结果与各种外显自陈量表得分之间的关系,尽管这类研究能够说明内隐自尊的现实意义,但是对于探讨内隐自尊的实质并不十分有效,经常会出现不存在相关的情况。另一类使用IAT方法同时测量内隐自尊及其他内隐社会认知结构的研究,也因方法上的过于类似而在结论推广上可能受到质疑。

整合思想在心理学中越来越受到重视。整合思想认为,不同的方法都有各自的优点和缺点,只有使用多种方法才能最大限度地发挥各自的长处,弥补它们的弱点。已有的内隐自尊研究则各有侧重,不同领域的研究者各自运用不同的研究方法,甚至采用不同的概念术语,将成果发表于不同的学术刊物,因而缺少充分的交流与整合。

可见,内隐自尊研究不仅需要整合性的思考,更亟须解决内隐自尊的认知机制和神经机制等实质问题。现在的情况是,已有的理论假设还需要更多的实证支持,对于内隐自尊生理机制的研究才刚刚引起学者们的关注。

二、内隐自尊研究的整体构想

近来,心理学家们希望通过多范式、多领域间的会聚操作以整合思路来研究心理学现象。而社会认知神经科学的出现与发展也是受到了整合思想的影响,强调对社会心理现象进行多水平的分析,将人格与社会背景的维度分别与外在的行为表现、内在的心理过程和相关的脑机制相互连接,旨在对社会心理现象在神经、认知和社会三个水平上实现整合性研究。认知科学领域的研究者们能从行为情境的研究、认知过程的社会心理学研究、认知和情绪的联系研究等方面受益匪浅。笔者认为,社会认知神经科学对内隐自尊研究的发展将起到非常好的促进作用,因此有必要在下文中对社会认知神经科学这一新兴交叉学科加以介绍。

基于心理学的整合研究思路及社会认知神经科学的观点,本书试图从内隐自尊的外在行为表现、内隐自尊的内在心理过程及内隐自尊相关脑机制三个角度,结合 ERP、GNAT、EB、眼动等各种研究方法,对内隐自尊进行更为深入细致的探讨。在社会层面上,强调中国人内隐自尊与西方文化背景下个体内隐自尊的差异;在认知加工层面上,研究个体对自我相关信息加工时与对非自我相关信息加工时的差异;在脑机制层面上,关注自我信息加工所诱发的事件相关电位。本书还将内隐自尊与内隐他人态度、内隐性别自我概念、内隐性别刻板印象联系起来,帮助人们更好地理解内隐自尊这一具有重要理论意义和应用价值的心理学现象。

内隐自尊与行为的关系研究表明,内隐自尊不仅会影响非言语行为,也会对言语行为或外显行为产生影响。内隐自尊对行为式自我妨碍和自陈式自我妨碍均有影响,而且非言语行为更可能受到内隐自尊的影响(Spalding & Hardin, 1999)。以往研究中的非言语行为是指被试所表现出的焦虑程度、行动意愿、练习时间等,言语行为涉及外显焦虑自我判断、自我描述、事件评价等。本书中所采用的外在行为表现指标包括:注视时间、瞳孔大小等眼动数据;归类按键反应时及正确率;成败事件归因数量及类型等。

大量证据表明,内隐自尊的稳定性与个体当前的情绪、动机和认知资源等密切相关,会受到情境的影响。有关内隐动机的研究表明,内隐自尊会受到与自我相关的情绪体验的影响(Woike,1995)。消极反馈会使内隐自我积极偏好降低,积极反馈会重新提升内隐自我积极偏好(Koole, Smeets, Van Knippenberg & Dijksterhuis, 1999)。积极的情境线索启动会扩大内隐自尊效应,而消极的情境线索启动会降低内隐自尊效应,后者比前者的启动效应更大(张镇、李幼穗,2005)。本研究希望为被试设置成功和失败的情绪氛围,通过比较不同实验条件下被试归因的差异来了解内隐自尊的内在心理过程,并对解释偏差(explanatory bias, EB)这一新研究方法加以检验。

虽然随着社会认知神经科学研究的发展,内隐社会认知生理机制逐渐引起研究者们的关注,但是直接以内隐自尊的脑部生理机制为对象的实证研究证据并不多见。在内隐自尊研究的最初,研究者就很强调内隐自尊的内隐性、普遍性、自动化、积极倾向等特性。内隐自尊是一种积极肯定的内隐自我态度效应,以个体自幼年便开始习得的自动化自我态度为基础。个体自童年期起就有一种对积极反馈的明显偏好(Swan & Schroeder, 1995),表明人类天生就有一种建立积极肯定自我的倾向。Greenwald 和 Farnham(2000)认为内隐自尊实际上就是自我与积极或消极情感的有效联结。这些观点都需要脑部生理研究的证据来支撑。天生自动化的自我—积极联结是否以脑部生理结构为基础呢？本书将采用事件相关电位（event-related potentials，ERP）对此加以验证。如果 ERP 波形中的某些成分在不同实验条件下表现出潜伏期或波幅等特征上的差异，就可以间接推断出隐藏在背后的生理机制。

PART 2
第二部分 >>

方法——拨云见日的工具

第四章
社会认知神经科学

社会认知神经科学的出现为更好地理解人类心理本质提供了新的可能。

第一节 社会认知神经科学概述

一、社会认知与神经科学的结合

社会认知神经科学（social cognitive neuroscience）是社会心理学与认知神经科学相结合的跨学科研究领域，属于近十年来出现的新兴学科。研究者们试图利用神经科学研究技术揭示人类高级社会心理现象的神经基础，主要涉及对认知过程的神经机制，特别是脑机制的研究。社会认知神经科学使得社会心理学与认知神经科学这两个原本相互分离的知识领域得以整合，并为在多层次整合水平上理解人类社会性心理现象的本质提供了广阔的前景和坚实的技术基础。

尽管两个领域的研究者们在以往很长的一个时期内分别从事着各自的研究,但是社会认知神经科学家 Miller 和 Keller(2000)认为,社会心理学家和认知神经科学家提出的问题并非相互排斥,而是相互补充的。一方面,社会心理学家可以借助神经科学的技术与研究成果消除和验证现有各种理论间的分歧与对立;另一方面,认知神经科学家也可以通过操纵社会性刺激来研究个体高级心理现象的信息加工过程及脑系统的机能。

认知观点成了连接社会心理学与认知神经科学的中介,两个领域的研究者都主张用信息加工机制的术语来描述心理过程。认知研究中的诸多概念,如图式、选择性注意、抑制过程、内隐加工与外显加工等,都在社会心理学与认知神经科学领域内得到广泛的使用,这使得研究者之间有了沟通的桥梁。研究者们(张锋等,2004)也希望,社会认知神经科学可以同时满足社会心理学家和认知神经科学家的需要,既能够有助于形成有关社会认知与行为背后潜在心理过程的理论,同时又能为理解脑系统的功能提供有价值的信息。

二、社会认知神经科学的研究现状

近几年来,社会认知神经科学研究已经取得了相当程度的突破。目前的研究主要集中在刻板印象、态度与态度改变、他人知觉(person perception)、自我认知以及情绪与认知交互作用等传统社会心理学范畴上,研究方法主要是脑神经成像技术和临床神经心理学技术,直接目的主要是通过识别社会心理现象背后的脑机制来验证社会心理学中已有的理论模型或争议问题。

当然,社会认知神经科学并不仅仅是简单地应用认知神经科学的技术去研究复杂的社会心理现象,而更强调对社会心理现象进行多水平的分析,在更高层次上整合社会心理学与认知神经科学的知识领域。Ochsner 和 Lieberman(2001)认为,将人格与社会背景的维度分别与外在的行为表现、内在的心理过程和相关的脑机制相互连接,不仅可以克服认知神经科学不强调社会、文化、动机行为等因素的不足,也将克服社会心理现象不涉及神经机制的缺陷。

朱滢等人(2004)关于自我的研究就是这样的一个例子。在社会层面上,强调自我是文化的产物,受到文化的重要影响,考察东西方文化下自我概念的差异;在认知加工层面上,研究记忆的自我参照效应(self-reference effect);在脑机制层面上,关注自我信息加工所激活的特定脑区。

三、社会认知神经科学的未来发展

社会认知神经科学研究领域广泛,但是目前的研究工作分散而不成体系,因而该领域具有相当广阔的发展空间及诱人的发展前景。就社会认知神经科学的未来发展而言,该学科旨在对社会心理现象在神经、认知和社会三个水平上实现整合性研究。社会认知神经科学强调从这三个渐进而连续的分析层面之间的交互作用上去理解心理现象:一是社会层面,分析在相关社会情境中动机作用下的社会行为,这是传统社会心理学的基本取向,关心影响个体行为与经验的动机与社会因素;二是认知层面,分析社会行为的信息加工机制,这是认知心理学的基本取向,关心导致社会现象的信息加工机制;三是神经层面,解释社会行为信息加工的脑机制。依此思路,社会认知神经科学必将成为一个很有前途的交叉学科(朱滢、隋洁,2004)。

Ochsner 和 Lieberman(2001)认为,这一学科需要超越大脑—行为的相关关系,致力于通过多水平的整合研究跨学科建立起统一的心理学。基于这种观点和思路,他们提出了社会认知神经科学未来发展的三条途径:第一,整合性研究:探讨社会心理现象的潜在神经认知结构,有可能发现不同心理现象的共同神经心理基础,兴许它们只是相同大脑加工机制的不同认知表现形式。第二,分离性研究:利用来自大脑功能的研究资料可以区分表面上相似的心理现象背后的不同脑机制,促进相关理论领域的发展。第三,自下而上与自上而下的研究策略:将认知心理学家简化集中研究几种基本能力的自下而上策略与社会心理学家将人作为整体细分复杂社会现象的自上而下策略相结合,在考察基本认知过程时考虑有关的心理状态,将对人的心理有更准确的了解。

第二节 社会认知的神经基础

随着实验研究技术的进步,如事件相关电位(event-related potentials,ERP)、脑磁图(magnetoencephalography,MEG)、正电子发射断层扫描术(positron emission tomography,PET)和功能性磁共振成像(functional magnetic resonance imaging,fMRI)等研究

方法的运用,人们希望更多地探究社会认知现象背后的神经基础。

Brothers 于 1990 年提出,社会认知的神经基础主要涉及三个脑区,即杏仁核、眶额叶(orbito-frontal cortex, OFC)以及颞上回(superior temporal sulcus and gyrus, STG),并率先将这些区域称为"社会脑"(social brain)。此后,科学家发现更多的神经结构与社会认知和行为有关,对"社会脑"有了更精确的理解。杏仁核、前额叶、颞上沟(superior temporal saulcus, STS)、扣带前回(anterior cingulate cortex, ACC)等在社会认知中发挥特殊重要的作用,岛叶、右侧躯体体感区、白质、基底节也参与社会认知过程,更一般性的认知与执行功能在认知过程中同时进行,共同作用于人的这一重要功能领域(朱春燕,汪凯,Lee TMC, 2005)。

一、杏仁核

已有文献中利用 fMRI 来研究社会认知的文章较多。Cunningham 等人(2003)发现负责自动化评价和有意识评价的神经系统存在差异,杏仁核与内隐评价判断的自动化过程有关,前额皮层参与较为复杂的有意识评价过程。Killgore 等(2004)研究发现,杏仁核和 ACC 在侦测分辨阈下情绪信息方面起着重要作用。Phelps 等人(2000)使用功能性磁共振成像技术来观察当白人被试看到不熟悉的非裔美国人的脸时,其杏仁核的活动情况,也已经证实 IAT 所测的自动化种族偏好与 fMRI 所得的结果之间都具有收敛效度。

社会交往中,对面孔传达信息的正确识别对于合适的社会行为极其重要。面孔信息加工过程有赖于颞叶皮质的特定区域,而在面部情绪以及对他人行为中社会意义的感知方面,杏仁核有着特殊重要的作用,它对面部表情特别是负性表情(如恐惧)的识别非常关键(Adolphs, Tranel, Hamann, et al., 1999),对于面孔以外的刺激所传达的社会信息的识别,杏仁核的作用也至关重要(Adolphs, 1999)。研究表明,杏仁核是负责识别刺激的潜在危险和威胁的主要结构(Adolphs, Tranel, & Damasio, 1998);也是参与心理理论(theory of mind, TOM)加工的重要结构(Fine, Lumsden, & Blair, 2001);孤独症患者杏仁核功能有明显异常(Baron-Cohen, Ring, Bullmore, et al., 2000)。

二、前额叶

大量的脑损伤、脑功能成像和电生理研究证实了前额叶对社会认知和情绪的重要作用(Bar-On, Tranel, Denburg, et al., 2003; Doherty, Winston, Critchley, et al., 2003; Pizzagalli, Greischar, Davidson, 2003)。其中,前额叶腹内侧皮质(ventromedial prefrontal cortex, VMPFC)对社会认知尤为重要。它是决定社会决策与推理能力的重要神经结构,并参与了对眼睛注视方向的感知及心理理论加工过程(Calder, Lawrence, Keane, et al., 2002; Gallaghera, Happe, Brunswick, et al., 2000)。此外,眶额叶参与奖赏/惩罚过程及情绪与动机相关过程(Adolphs, 1999)。前额叶的其他部位也参与到一些特殊的社会认知活动中,例如道德行为(Wildgruber, Pihan, Ackermann, et al., 2002)。研究还表明,前额叶在社会认知功能上有着一定的左右侧不对称性(Miller, 2000)。

三、颞上沟

颞上沟区包括颞上沟、邻近的颞上回与颞中回、角回等区域,近年来的研究发现此区域是感知眼睛注视方向、感知生物运动(如头、手、脚、肢体等的运动)、感知心理状态等社会线索感知活动的重要结构(朱春燕,汪凯,LeeTMC,2005)。

四、扣带前回

扣带前回可分为背侧认知区(anterior cingulated cognitive division, ACcd)和腹侧情感区(anterior cingulated affective division, ACad)。Bush 等(2000)对扣带前回的 64 项相关研究进行了元分析,发现扣带前回背侧与腹侧对认知和情感的加工过程是双分离的。

第三节 社会认知神经科学关于自我的分析

一、自我神经系统

在自我相关神经机制方面,"自我相关信息和自我知识的加工被认为是不同于其他'客观'信息加工的"(Kircher, Senior, Phillips, et al., 2000),甚至被认为是有别于对他人及其心理状态相关信息的加工,Vogeley 等人(2001)指出"心理理论和自我至少部分涉及单独的神经机制"。Klein 等(2002)以神经心理学资料为依据,将复杂而统一的自我系统分解为六个成分或子系统,即:① 一个人生活的情景记忆;② 一个人人格特征的表征;③ 一个人生活的语义记忆;④ 经验到现在的"我"是与过去的"我"相联系的;⑤ 个人作用与拥有的感觉;⑥ 形成元表征(meta-representation)的能力,即自我反省(self-reflect)的能力。这些成分整合起来就形成对自我的完整看法,通过研究自我不同子成分的神经基础能促进人们对自我本质的理解(Decety & Sommerville, 2003)。

二、与自我有关的脑区

众多的关于自我参照加工的脑成像研究表明,自我信息的加工激活了内侧前额叶(medial prefrontal lobe)(Craik, Moroz, Moscovitch, et al., 1991)。Kelley 等(2002)研究结果显示,要求被试判断形容词是否能描述自我比判断是否能描述他人引起内侧前额叶更多的反应,提示该区域在自我信息加工中的作用。后续研究也证实,内侧前额叶的活动与以自我关联方式编码的项目记忆有关(Zhu, 2004)。另有脑成像研究揭示,扣带前回(anterior cingulate cortex)既与自我的表征又与他人的表征有密切联系(Frith & Frith, 2003)。Decety 等人(2003)基于他们社会认知神经科学的研究甚至提出了一个自我与他人共享的神经网络。这些研究暗示社会认知和自我相关思维可能依赖于同一认知过程,可以聚焦到一种观念,那就是理解自我是理解他人的一个必备成分。

少量使用 ERP 的实证研究中,Gray, Ambaby, Lowenthal 和 Deldin(2004)评定了 P300 这一 ERP 成分,认为 P300 可以反映对

自我相关刺激的注意。研究者用自传体性自我相关刺激（例如，自己的名字）激活P300,发现自我相关刺激诱发的P300比非我刺激诱发的振幅大。此外，对P300的潜伏期分析提示，自我相关效应出现在与选择性注意相关的认知加工高级阶段。Ito和Cacioppo(2000)使用ERP来测量评价（积极和消极）维度和非评价（人和非人）维度上刺激的内隐和外显分类，发现晚期正成分（LPP）既对外显分类任务敏感，也可以反映内隐分类过程。

第四节 对本研究的启示

一、对自尊神经机制的探讨

张锋等(2004)指出，关于自我认知还有许多有价值的问题尚未加以研究，目前对与自尊、自我图式、自我服务偏向、自我意识等有关的神经机制还知之甚少。在国内，仅有一项采用GNAT研究范式对内隐自尊的ERP研究发现，自我—积极组合与自我—消极组合所诱发的P3在潜伏期和振幅上都存在显著差异，他人—积极组合与他人—消极组合所诱发的P3仅在潜伏期上存在显著差异，说明内隐自尊效应是以脑部对自我积极信息进行深度加工为基础的，表现为自我与积极概念之间的自动化联结（许静，梁宁建等,2005）。

对内隐自尊生理机制的研究才刚刚起步，远没有对自我研究那样丰富，很有必要将外显自尊与内隐自尊结合起来进行研究，从社会文化、认知加工、生理基础等角度来研究自尊这个从人类文化产生以来就倍受关注的问题,为弄清内隐自尊的产生和形成提供证据,以验证已有的内隐自尊理论或创造新的内隐自尊理论。

二、关于自我与他人的关系

在社会认知神经科学对自我分析的已有研究中,研究者更多强调的是自我相关信息的特异性,至少部分涉及单独的神经机制(Vogeley, et al., 2001);而在他人觉知的已有研究中,研究者重视的主要是面部识别(Ochsner & Lieberman, 2001)、表情加工、对面部和非语言编码及心理理论(ToM)(Baron-Cohen, 1995; Baron-Cohen, et al., 1999)等。虽然研究他人觉知会考虑个体自身的心理理论,研究也暗示理解自我可能是理解他人的一个必备成分,但是这两类研究的结合并不算很紧密,针对个体对自我态度与对他人态度关系的研究尚不多见,更不用说内隐自尊与内隐他人态度关系的研究。因此,本研究希望考察两者之间的关系,以便更好地理解内隐自尊及内隐他人态度背后的认知机制。

第五章
事件相关电位(ERP)技术

ERP 技术是研究大脑神经活动的有效手段之一,被应用于心理研究、临床诊断等领域。

第一节 ERP 的基本概念与技术原理

一、ERP 的基本概念

脑电(electroencephalogram,EEG)即脑的自发电位。最早关于脑电与心理活动之间关系的研究出现在 Hans Berger 于 1929 年首先发表的论文中,该论文提出心算可以引起 EEG 的 α 节律减少。但直到 1947 年 Dawson 首次报道运用照相叠加技术记录人体诱发电位(evoked potentials,EP),并于 1951 年首次介绍诱发电位平均技术,才开创了神经电生理学的新时代。所谓 ERP,是一种特殊的脑诱发电位,即是当外加一种特定的刺激,作用于感觉系统或脑的某一部位,在给予刺激或撤销刺激时,在脑区引起的电位变化。研究者将各种刺激统称为"事件"(event),诱发电位遂也被称为"事件相关电位"(event-related potentials,ERP),这一概念由 Vaughau 于 1969 年首先提出。

二、ERP 的技术原理

由于 EEG 的谐波成分相当复杂,看上去是一种连续而不规则的电位波动,一次刺激所诱发的 ERP 波幅约为 $2\sim10\mu V$,比自发电位(EEG)小得多,因而被淹没在自发电位中而难以观察、无法测量,仅从 EEG 上很难获得关于复杂认知活动的起始时间、持续时间、时间顺序等信息。ERP 的特点则在于两个恒定,一个是波形恒定,一个是潜伏期恒定。利用这两个恒定特点就可以通过反复呈现诱导刺激(事件),把每次刺激所产生的含有 ERP 的 EEG 叠加,将信号增大一定的倍数后使之从 EEG 背景中浮现出来,再除以叠加次数,其平均值就是一次刺激的 ERP 数值,因而 ERP 又被称为平均诱发电位。

三、ERP 的特点及优势

ERP 作为一项无损伤性脑认知成像技术,其电位变化是人类身体或心理活动有时间相关的脑电活动,在头皮表面记录到并以信号过滤和叠加的方式从脑电中分离出来。ERP 不像普通诱发电位记录的是神经系统对刺激本身产生的反应,而是大脑对刺激带来的信息所引起的反应,反映的是认知过程中大脑的神经电生理变化。ERP 的优势在于具有很高的时间分辨率,此外,ERP 便于与传统的行为测量指标——反应时有机配合,进行认知过程研究,且具有无创性,可以精确地评价发生在脑内的认知加工活动。多导联 ERP 设备的应用,也较好解决了其空间分辨率的局限,是科学工作者研究认知过程中大脑等神经活动不可多得的技术方法和有效的技术手段。ERP 比传统心理学指标揭示的认知过程更加明确:分析其潜伏期,可以估计加工事件的时间进程;分析其波幅,可以估计信息加工时的强度;分析其头皮分布,可以估计对刺激加工起作用的脑内源。

第二节 ERP 的研究分类

一、依刺激的种类和感觉通道区分

依据刺激的种类和感觉通道可以分为听觉诱发电位(auditory evoked potentials,AEP)、视觉诱发电位(visual evoked potentials,VEP)、体感诱发电位(somatosensory evoked potentials,SEP),也有嗅觉和味觉等诱发电位。刺激种类不同,诱发电位的基本波形特征亦有所不同。在认知 ERP 研究中,特别是认知活动通道特异性研究中,不同诱发电位的基本特征特别值得注意。

二、依潜伏期的长短区分

按照潜伏期的长短可以将 ERP 分成早、中、晚成分及慢波。其中,早成分为刺激呈现后十几毫秒之内产生的诱发电位,用罗马数字标示;中成分为刺激呈现后十几毫秒到 50 毫秒内产生的诱发电位,用小写英文字母标示;晚成分为50毫秒以后产生的诱发电位,用阿拉伯数字标示,500毫秒以后称为慢波。晚成分和慢波是与心理因素关系最为密切的成分。早成分的波幅最低,中成分次之,晚成分波幅较大,慢波的波幅一般最大。按波幅还可以将 ERP 划分为正波和负波,正波用 P 表示,负波用 N 表示。

三、依刺激来源的分类方法及应用价值区分

根据最初和较为全面的分类方法,可将 ERP 分为外源性成分、内源性成分、中源性成分。同一个脑内源产生的一个波称为一个成分。外源性成分(exogenous component)是人脑对刺激产生的早成分,受刺激物理特性(强度、类型、频率等)的影响;内源性成分(endogenous component)与知觉或认知心理活动有关,与注意、记忆、智能等加工过程密切相关,不受刺激物理特征的影响;那些既与刺激的物理属性相关,又与心理因素相关的成分称为中源性成分(mesogenous component)。不含刺激物理属性的内源性成分又称为纯心理波,主要有运动前电位、刺激遗漏成分、解脱波(EML)、失匹配负波(MMN)、加工负波(PN)等。内源性成分具有三个特征:① 并不严格由某一特定外部刺激所决定,无感觉特异性;② 电位的波幅、潜伏期与头皮分布通常不随引发刺激的物理参数改变而改变;③ 往往依赖于任务、指导语或实验设备诱发的心理状态和认知努力,其变异通常由实验情境变异来解释。这为研究人类认知过程的大脑神经系统活动机制提供了有效的理论依据。而外源性成分不受心理因素影响的特点,使它可被广泛用于神经病科各种感觉通路中器质性病变的诊断。

第三节 ERP 的主要成分

一、CNV

伴随性负变化(contingent negative variation, CNV, 也称关联负变)由英国神经生理学家 Walt 和 Cooper 等于 1964 年发现, 头皮分布以 Cz 点波幅最大, 被认为与人脑对时间的期待、动作准备、朝向反应、觉醒、注意、动机等一种或两种心理活动密切相关。魏景汉(1984)对 CNV 的心理因素提出了心理负荷加重假说, 认为 CNV 心理因素的性质是在完成同一种任务时由上述多种心理因素综合构成的心理负荷加重, 并进行了一系列实验对此加以验证, 还进一步论证了 CNV 是复合波的观点。

二、P300

P300 即晚成分的第三个正波 P3, 因为 Sutton 等 1965 年发现的 P3 出现在 300ms 左右, 所以称之为 P300, 与之后发现的一系列类似成分形成了一个含有多个子成分的"晚正复合波(late positive complex)", 而将最初发现的经典 P300 称为 P3b, 但通常 P300 仍是指最初发现的经典单个波, 其头皮分布广泛, 相对集中于中线部位, 通常 Pz 点的波幅最大, Cz 次之。

P300 是一个主要与心理因素相关的内源性成分, 大量研究表明, P300 受主观概率、刺激性质、决策信心、注意、记忆、情感等多种因素的影响。双任务实验证明, 在一定程度上, 其波幅与所投入的心理资源量成正相关,潜伏期随任务难度的增加而增加。Kok(2001)认为,P3 波幅值是信息加工容量的指标,反映了受注意和工作记忆联合调控的事件(刺激)分类网络的活动。赵仑等(2004)的研究亦支持 Kok 的理论。我国与美国学者都发现,刺激物与被试的利害关系及被试的情绪都在 P300 上有所反映,而且 P300 的这些变化是被试无法控制的。Halgren(1980)认为杏仁核、海马、海马回等边缘系统在认知过程中的神经活动产生或影响了 P300。多数学者认同边缘系统尤其是海马是 P300 的起源之一。但究竟还有哪些神经结构与 P300 的产生有关,它们之间的相互作用方式如何,至今仍是一个有待解决的难题。可能 P300 的产生是人脑多个部位共同活动的结果,是多起源的,没有任何单一的脑结构能解释不同认知任务实验条件下 P300 的产生。边缘系统、颞顶联合区、部分丘脑结构都可能是参与产生 P300 的起源之一。

基于概率影响 P300 的事实及其他相关资料,Donchin(1981)提出了背景更新理论模型(context updating model)以解释 P300 产生的心理机制:人脑中以一定方式贮存着认知活动所需的信息(即表征),在某一认知过程中,人脑中原有的与认知客体有关的信息构成了背景(或工作记忆),当某一信息出现时,一方面人脑要对之作出反应,另一方面要根据它对主体所从事任务的意义大小,将其整合到已有的表征以形成新的表征,对现有背景进行不同程度的修正,以调整应付未来的策略,当环境连续变化时,背景亦要不断进行修正。Donchin 认为很可能就是与这一修正有关的加工过程产生了 P300,P300 的潜伏期反映对刺激物的评价或分类所需要的时间,P300 的波幅反映了背景修正的量,背景修正越大,则 P300 的波幅也越大。

三、MMN

失匹配负波(mismatch negativity,MMN)是研究大脑信息自动加工的可靠客观指标。它由 Näätänen 等于 1978 年首先报道,是听觉偏离刺激与标准刺激的差异波中约 100ms 至 250ms 之间的明显负波,短纯音偏差、强度偏差和持续时间偏差都可以产生 MMN。据研究推测 MMN 的产生机制是,重复刺激在脑内留下了痕迹,新输入的刺激能自动与之比较,若相同(匹配)则无反应,若不同(失匹配)则产生 MMN。MMN 的出现客观上证实了人脑信息自动加工的存在,还能用于研究一些困难而重大的问题,如人脑自动加工的广度、深度和脑机制等。研究表明,MMN 的脑内源有两处,一为感觉皮层,一为额叶,MMN 可以反映出感觉阈限附近的外界变化,足见人脑自动加工的精细和 MMN 指标的灵敏。

四、N400

N400 是研究脑的语言加工原理常用的 ERP 成分,于 1980 年由 Kutas 和 Hillgard 报告,由句尾畸义词诱发的 ERP 在 400 ms 左右出现了一个新的负成分,即命名为 N400。N400 的发现为语言脑机制的研究提供了新的客观指标。研究发现,N400 的波幅与畸义词和语境的背离程度相关。此后的研究又发现 N400 对语义启动效应非常敏感,不仅与语言加工有关,还能由面孔、图画等非语言刺激诱发。对 N400 的实质,一部分人认为 N400 反映的是词汇通达过程中语义表征的自动激活,另一部分人认为它反映了语义整合的词汇后加工。目前一般认为,N400 与长时记忆中语义信息的提取有关,据报道,N400 至少有四个子成分,其潜伏期与头皮分布各不相同(Nobre, et al., 1994)。有资料说明后部的皮质—内侧颞叶系统对于产生 N400 具有重要作用,但目前尚未彻底揭示 N400 的原理及性质。

五、PN

加工负波(processing negativity, PN)是 Näätänen 等(1978)在 Hillyard(1973)关于注意 ERP 研究实验模式的基础上产生的。在 ERP 的早期研究中,Hillyard 等使用双耳分听任务,发现被注意耳比非注意耳的 ERP 在 Cz 点的 N1 波幅明显增高,出现注意的"N1 效应"。Näätänen 在此实验范式基础上,将刺激间隔延长并固定为 800 ms。结果发现,被注意的刺激比非注意刺激诱发更大的 ERP 负偏移,从刺激后 150 ms 开始,持续约 500 ms。他们将注意刺激的 ERP 减去非注意刺激的 ERP 所得的一个持续时间较长的差异负波,称为加工负波,简称 PN,属纯心理波。

第四节 ERP 的主要研究领域及应用

一、面孔认知的 ERP 研究

对面孔认知(face recognition and perception)的 ERP 研究开始于 20 世纪 60 年代,其研究重点是揭示面孔认知现象的内在规律和机制。广大研究者认为 N170 是反映面孔认知过程的重要神经机制指标(Allison, McCarthy, Nobre, et al., 1994; Puce, Allison, Bentin, et al., 1998),其反映的不是后期知觉加工阶段的特征,而是面孔识别中的知觉编码阶段特征(Bentin, Allison, Puce, et al., 1996; Bentin, Deouell, 2000),N170 代表的面部加工早期阶段是自动的和不受选择性注意影响的(Cauquil, Edmonds, Taylor, 2000)。Eimer(2000)的研究表明,除了内在特征以外,N170 还对面孔的外部特征敏感。面孔认知倒置效应目前比较一致的结果是,由于倒置的面孔没有提供充足的结构信息,使倒置面孔引发的 N170 潜伏期出现延迟(陆卫红,葛列众,李宏汀,2004)。Puce 等(1999)发现了其他与面孔识别相关的脑电成分,此外,研究发现 N400 和 P600 对面孔熟悉性敏感,可能反映了面孔认知和识别的加工阶段(Eimer, 2000)。

早在 1986 年,Bruce 和 Young 就提出了著名的面孔加工的多阶段认知模型,将面孔认知加工分成两个阶段:第一阶段为面孔的结构编码阶段,该阶段会分析面孔特征和空间结构,包含静态和动态两种编码方式;第二阶段是有关视觉处理和面孔识别的两条独立通路,其输出结果最后都进入认知系统,以便对信息进行整合和作出决策。彭小虎、罗跃嘉等人(2002)探讨模型中各认知单元的内涵、作用及相互关系,揭示了面孔识别的认知过程和神经机制,并对这一模型加以修正。

2003 年,彭小虎、罗跃嘉等人还考察了东西方面孔在记忆编码阶段 ERP 波形的差异,探讨了"DM 效应"(difference in subsequent memory, DM effect)与"异族效应"(other race effect)之

间的关系,为面孔识别的"异族效应"提供电生理学证据,帮助人们了解异族面孔容易混淆和难以记忆的潜在脑机制。

二、注意的 ERP 研究

ERP 研究在早选择与晚选择的理论之争及关于感觉输入信息的抑制、注意保持、对新异刺激的觉察等注意的诸方面都作出了重要贡献。

在视觉信息的选择性注意问题上,Anllo-Vento 和 Hillyard(1996)发现,早成分表现出明显的空间注意效应,而对色彩、运动等刺激属性的注意效应则反映在晚期成分上,处理刺激特性有时间性和阶段性规律,空间位置的选择是其他非空间性属性选择的前提条件,对非空间特性的处理显示出平行性和串行性加工的特点,支持注意的早选择理论。在听觉 ERP 与体感觉 ERP 研究上得出的结论也与此相同(Woldorff, Gallen, et al., 1993)。

综合 ERP 研究揭示出前额叶在人类认知加工中的统帅作用,其注意功能表现为:首先通过丘脑网状核闸门对无关信息在丘脑水平即加以抑制,以保持有关信息顺利进入相应的皮层进行认知加工;同时可觉察不测事件,产生朝向反应,使之优先进入认知加工;然后对已进入的有关信息加工加以增强;最后保持注意直至认知加工完成。

三、情绪的 ERP 研究

情绪的 ERP 研究其基本实验范式为:向不同组被试(正常人、抑郁症患者、精神分裂症患者等)呈现不同类型的情绪刺激材料,比较引发的 ERP 异同从而得出结论。这类研究的结论有助于理解正常人的情绪现象,还有利于探索情绪性疾病的本质,促进疾病的诊断、治疗(张卓,2003;黄宇霞、罗跃嘉,2004)。

Schapkin, Gusev 和 Kunhl(2000)研究认为 ERP 成分的正走向(positive going)能够反映情绪词汇处理过程。Morita 等人(2001)研究认为情绪性面孔比无表情面孔更能吸引注意力。Sato 等人(2001)发现情绪信号能够促进对刺激的早期视处理过程。对面部表情等情绪性刺激的前注意加工提示,对环境中的情绪性和非情绪性事件存在一种早期识别。电生理数据显示,神经元对情绪刺激有一种快速、广泛的反应,发生时间先于对情绪刺激的识别。在识别面孔时,人脑对完全不同的情绪变化更为敏感,进而可能更快地产生适应性反应。

关于情绪加工的大脑偏侧化问题,已有许多研究表明情绪加工存在大脑两半球的功能不对称性。Laurian 等人(1991)发现主要在右侧顶叶区域显示出对不同情绪材料的不同反应。Taitano(2001)的研究显示,除了右半球,情绪觉察还与两半球之间的信息交流相关。Erhan 等人(1998)实验中出现的行为与 ERP 数据的非对称性,反映了大脑偏侧化的一种可分离模式。有研究者认为,正性情绪的体验和表达是由左半球主管的,而右半球主要负责管理负性情绪。但至今仍未能全面彻底阐述清楚这个问题的本质。

情绪的 ERP 研究还包括研究其与记忆的关系。Dietrich 和 Waller(2001)发现,单词的情绪成分对语义记忆过程存在显著影响。Maratos 和 Rugg(2001)的实验结果也表明,在无意识地对不同情绪的刺激背景进行提取时,情绪背景较非情绪背景会引发出更活跃的神经系统活动;有意识的再获取中,神经系统活动的参与则是等同的,但同时另一附加神经通路可能被情绪成分选择性激活。Windmann 和 Kutas(2001)则认为在再认记忆过程中,情绪化的刺激可造成"再认倾向(recognition bias)",被试更倾向于对负性情绪对象做出"曾出现"的应答,可以推测额叶皮层会放松对负性情绪对象的再认标准,使得情绪化事件不像中性化事件那样轻易被遗忘。

四、语言加工的 ERP 研究

N400 的发现开创了以 ERP 方法研究语言心理学的新时期。在语言加工 ERP 研究的最初,实验材料多限于英语语种,对于汉语的研究甚少。两种语言的差异将导致其识别过程的不同,汉语研究重视明确加工中形、音、义之间的关系。研究发现,在汉字认知过程中,PSW(positive slow wave)不仅反映着信息加工的完成,而且与字词形音认知、联想、猜想等多重认知过程相关,从中可以提取出反映汉字认识与否的 P800 成分,说明 PSW 是复合波。汉字形音义在认知中均存在加工与再加工的反复过程,脑内形音义三者加工交错进行,形、音与义的加工时间有时发生重叠。左半球具有加工强度优势,右半球具有加工起始速度优势。

五、记忆的 ERP 研究

在记忆编码的 ERP 研究中,研究者将被正确记忆的刺激所诱发的 ERP 减去未被正确记忆的刺激所诱发的 ERP,其差异波称为相继记忆效应（subsequent memory effects），也称为"记忆差"（difference due to memory，DM）。在语音实验中，随后认出的词比未能认出的词产生更为正向的 ERP；在语义判断任务中，语义匹配时能记忆的词比不能记忆的词产生明显的正走向。

在记忆提取的 ERP 研究中，比较间接再认时"初现"与"再现"单词诱发的 ERP，发现重复词或再现词产生一个更为明显的正向波，即再认的重复效应（Bentin & Peled，1990）。而在直接再认时，重复出现的"旧词"比首次出现的"新词"产生一个更为正向的晚期 ERP 成分，此即新旧效应（new-old effect）（Friedman，1990）。对汉字视觉记忆再认的研究发现，视觉汉字与英语一样，也具有 ERP 的正向新旧效应，且低频词的新旧效应比高频词更为显著（罗跃嘉等，2001）。

六、ERP 的应用

ERP 技术可被应用于研究问题解决、人格与个性、智力与行为等的神经机制，也有研究者将其应用于临床诊断、航天科学研究等领域。

P300 作为与脑高级功能有关的长潜伏期电位之一，能用来检测各种大脑认知功能损伤的病人，这些疾病包括痴呆、脑器质性病变、精神疾病及注意、记忆等其他认知功能障碍（Knight, et al., 1984；Polich, et al., 1990；Oishi, 1996；罗跃嘉, 吴宗耀, 1991）。P300 对于大脑认知功能损害的临床诊断、康复评定、疗效观察具有重要的实用价值。

MMN 反映的是不依赖于任务的自动加工过程，可作为新生儿听力和脑功能障碍早期诊断的灵敏指标(Alho 等,1990);可用于诊断失语症,以辨别失语原因是听觉皮层相应特征性功能障碍还是可能在更高级的中枢;也可用于评定注意功能损害,并有助于查明额叶损害如何引发注意损害;还可以用于精神分裂症、帕金森病、痴呆、盲人神经可塑性等研究。罗跃嘉等(1999)通过音乐静坐训练对儿童脑功能改善的研究说明,MMN 不仅可用作认知功能损害的诊断与评价指标,也能用于评定正常人大脑功能的变化。

将 ERP 技术应用在航天脑科学研究中,及早发现和认识航天飞行对大脑高级功能的影响,也是具有重要意义、非常必要的工作。研究者们在地面上采用模拟失重的方法,对体感反应、连续心算、视觉选择注意、听觉方位感知等进行了研究,并考虑将研究结果用于航天员脑功能选拔、工作能力训练、人—机系统效率评定、航天特殊环境脑力功能测量和控制等方面。

第六章
解释偏差(explanatory bias, EB)技术

解释偏差技术以归因偏向为研究视角,结合实际情境激发态度,能增强内隐社会认知研究与实际生活情境的结合度。

第一节 EB 的概念及与归因的关系

一、EB 的概念与含义

偏向(bias)是归因研究中很重要的一个概念,它不同于归因错误(error),只是人们歪曲客观信息、背离常规推断规则后,在行为上表现出对某类特定归因的偏爱倾向,没有正误之分。

解释偏差(explanatory bias)最早由 Hastie (1984)提出,意指人们在面对与自己的期望值不一致的情境时,会做出更多的解释行为(即归因行为),以使不一致得到合理化。此处将

其翻译成"解释偏差"而未使用"解释偏向",意在区分两者在测量和归因意义上的不同用途:"偏向"更强调一种倾向,而"偏差"更强调差异和量化,属于测量中的概念。

个体在对外界的刺激进行认知编码时,由于个体的期望值常常受到其对他人所持刻板印象的影响,因而解释偏差在有关刻板印象的情境中十分常见。刻板解释偏差(stereotypic explanatory bias, SEB)指的是人们在与刻板印象不一致的情境中所表现出的解释偏差(sekaquaptewa, et al., 2003)。例如,一个对女性持有性别刻板印象的人,认为女生"赵婷"不够聪明,当得知"赵婷在数学竞赛中获奖"这种与期望值不一致的结果时,便促使他产生归因行为,认为这是因为"这次竞赛太简单了"或"参赛者水平都不高",甚至会认为"竞赛有失公允"或"赵婷找关系开了后门"等;而如果得知"赵婷在数学竞赛中被淘汰"这种与期望值一致的结果便不太能促使他自然产生归因行为,在他看来赵婷被淘汰是理所当然的事情。

可见,无论个体自身是否意识到其对某个社会群体抱有一定的刻板印象,都会在归因中不由自主地表露出来,刻板解释偏差的测量有助于更好地了解个体的刻板印象,解释个体的相关社会行为。Devine(1989)认为,只要一遇到刻板印象,群体成员就会自动激活相应的刻板化加工。SEB 是刻板印象对人的信息加工过程内隐地发生作用、施加影响的结果,人们往往意识不到自己所表现出来的更多归因行为,也意识不到自己为何会有更多归因行为,因此 SEB 十分适合于测量内隐刻板印象,成为了内隐社会认知研究中值得注意的一种新的测量方法。与其他诸如内隐联想测验(IAT)等测量内隐态度的方法一样,SEB 是个体内隐态度的指标,其测量结果与传统直接测量个体态度的外显测量结果并无显著相关(Kawakami & Dovidio,2001)。EB方法比SEB方法具有更为广阔的应用前景,因为与期望值不一致的不再仅仅是刻板印象,而可以包括个体对其他事物的态度和个体对自我的态度(即自尊)。

二、EB与归因的关系

归因是EB方法需要关注的核心问题,在心理学上归因被理解为一种过程,指个体根据行为或事件的结果,通过知觉、思维、推断等内部信息加工过程而确认造成该结果之原因的认知活动。归因理论是关于人们如何解释自己或他人行为以及这种解释如何影响他们情绪、动机和行为的心理学理论。心理学允许不合实际的错误归因存在,并探究其对个人生活的意义。EB涉及个体的归因过程,从归因入手研究个体的态度,借此了解或预测个体随后的行为表现。EB方法中,研究者通过计算个体归因后提出解释的数量,并确定解释本身的性质,属内归因或外归因,即个人归因或环境归因来计算EB值。Kulik(1983)关于归因的研究已经发现,当一个人的行为与该人行为的预期不相符合时,归因者倾向于做出环境归因而不是个人归因。该结论与Hastie(1984)的观点对于EB的发展具有重要意义,它们是EB的理论基础,也是EB方法学上的重要内容之一。个体能否做出无偏差的归因,决定了研究者能否测试到EB。而EB测量方法的应用和相关研究将对归因认知过程问题的发展产生一定的影响。

第二节 EB 方法的特点

一、以归因偏向为研究视角

其他测量内隐态度的方法(例如 IAT)一般以反应时为切入点,给被试一个认知任务,要求被试以极快的速度作出反应,结果有对错之分。EB 方法从有偏向的归因入手研究个体的内隐态度,依据被试在与期望值一致和不一致句子情境中所提供的理由数差异、归因性质差异来判断 EB 效应,与以往相关主题的研究有所不同,具有一定的新意。EB 方法之所以能把分析的重点放在归因结果上,是因为人的态度总会受到个体归因过程的影响,因而可以依据被试对不同对象结果进行的归因,来分析他们是否存在内隐态度以及内隐态度是否对其信息加工过程产生影响。EB 方法在使用时,被试的回答无明显的对错之分,允许被试归因出现偏差,不再认为个体的行为是绝对理性和完全符合逻辑的,实现把归因者看作理性的人到强调人们在归因推理时错误与偏倚的转变,体现了西蒙的"有限理性"观点和卡尼曼的"前景理论"观点。

二、结合实际情境,自然激发态度

与以往的内隐自尊测量方法不同,EB 方法不再单一地要求被试对逐一呈现的刺激词作出反应,而是能够结合实际情境,给被试一定的思考空间,自然地激发人的内隐态度。EB 项目中所出现的人物和行为是十分具体和真实的,有着具有典型性的姓名,还有用生动的日常语句描述尽可能全面涉及研究主题的生活事件,容易让被试感到亲切,具有一定的灵活性,体现了实验室实验与现实生活之间的联系。虽然 EB 方法对句子表述的要求很高,还需要进一步的相关研究来提供数据支持,但该方法具有较高的生态效度,符合当前心理测量方法的发展新趋势。

三、了解和预测行为

EB 方法推出以后,利用该方法进行的研究发现其所得结果,对于了解和预测个体随后的行为表现很有价值(Sekaquaptewa, Espinoza, & Thompson, 2003;俞海运,2005)。已有研究表明,虽然 IAT 方法能够测量出个体对目标的积极或消极内隐评价,但是所测量到的内隐态度对人在随后的生活情境中的行为表现无显著预测性。而 EB 方法由于具备了测量间接性、情境实际性、表述生动性等特点,在测量出内隐态度的同时,对个体在随后生活情境中的行为表现具有显著的预测能力,与个体行为的关系更为密切。如果能有更多的实证研究证实 EB 方法的预测效果,则将使该方法得到更好的应用,为我们提供更多的信息。

第三节 EB 方法在内隐社会认知领域的应用

一、内隐刻板印象研究

Sekaquaptewa, Espinoza 与 Thompson(2003)使用 SEB 方法来测量内隐种族刻板印象,其刻板解释偏差界定为"对黑人刻板印象不一致事件比对黑人刻板印象一致事件作出更多解释",并考察测量结果是否对种族间互动时对搭档的行为具有预测性。结果发现,SEB 能够预测在面试中白人男性选择更多与刻板印象有关的问题来询问黑人女性(而不是白人男性或白人女性);与对黑人刻板印象不一致行为作内归因的白人被试相比,对其作外归因的白人被试得到黑人男性合作者更为消极的评价。这些结果指出内隐刻板印象能够作为种族间人际互动行为的一个重要预测指标。

接着 Sekaquaptewa 与 Espinoza(2004)检验了刻板印象解释偏差是否主要发生在低社会地位群体成员(而不是高社会地位群体成员)从事与群体刻板印象不相符合的行为上。预实验显示,相对于男性从事与刻板印象不一致的行为,男性和女性被试自发对女性从事与刻板印象不一致的行为给出更多的刻板解释偏差。主实验中,研究者操纵目标群体的社会地位,测量对刻板印象不一致行为的外归因(情境归因)和内归因(性格倾向归因)。结果发现,与高社会经济地位的目标相比,对低社会经济地位目标的女性刻板印象不一致行为的外归因较多。这一结果提示我们,只有低社会地位群体成员从事与刻板印象不一致的行为才会引发信息加工上的偏差,而高社会地位群体成员不管从事与刻板印象一致或不一致的行为都不会促成信息加工上的偏差。

二、群体内刻板解释偏差(Ingroup-SEB)

Espinoza(2004)检验了内隐群体内刻板印象的一种表现形式——群体内刻板解释偏差,探讨它如何产生,是否会在无意识

第六章　解释偏差（explanatory bias, EB）技术

中出现,有哪些条件会对其产生影响,它有哪些功能。结果发现,在那些被试熟悉的刻板行为上,被试对与刻板印象一致的行为进行(性格)倾向归因,对与刻板印象不一致的行为进行情境归因,体现了群体内刻板解释偏差;而且对积极群体内刻板印象的群体内 SEB 比对消极群体内刻板印象的群体内 SEB 更强。研究者还探讨了群体内 SEB 反应的潜在功能,发现接触那些反映成功群体成员群体内 SEB 的信息能够增强一类集体自尊,即群体内认同对自我概念的重要性。

三、国内使用 EB 进行的研究

俞海运(2005)将 SEB 方法介绍到中国,并首次在国内使用 SEB 方法研究了内隐性别刻板印象,验证了归因过程中普遍存在的"基本归因偏向"和"利己主义偏向",发现人们对行为结果内归因的倾向在积极结果时极其显著;SEB 方法对个体社会交往相关行为有显著的预测性;SEB 方法与 IAT 方法都能显著测得内隐性别刻板印象,而外显测量则不能,两类测量方法的结果出现实验性分离,三种测量之间两两相关不显著。佐斌、刘晅(2006)也进行了类似的研究。胡志海(2005)使用 SEB 与 IAT 方法对性别职业刻板印象进行了研究,结果发现大学生存在显著的内隐职业性别刻板印象,对男女两性有着截然不同的职业定位,对在就业过程中的成败归因也因性别而异,传统"男尊女卑"的观念仍在不同程度上影响着大学生的就业。马芳、梁宁建(2006)在内隐数学—性别刻板印象的 SEB 研究中,发现 SEB 能显著检测到大学生普遍存在"男性比女性更擅长数学"这样的内隐数学—性别刻

板印象,不存在性别和专业差异。杨宇然(2006)在研究学习倦怠与自尊关系的研究中也使用了 EB 方法。邹庆宇(2006)在研究地域刻板印象中使用了 SEB,证明了地域刻板印象的稳定性,个体具有对地域的内群体偏爱,不同地域的被试归因偏向有所不同,本地被试更倾向于表现出基本归因偏向。

上述对 EB 方法的使用尝试及初步验证均表明其是一种较为敏感有效的内隐态度测量方法,可被广泛用于各种内隐社会认知研究领域,当然这个工具的完善与发展需要更多实证研究的支持。

第七章
眼动（eye movement，EM）的心理学研究

眼动研究可以精细记录和分析视觉信息加工，为探讨心理活动的深层心理机制和生理机制服务。

第一节 眼动实验原理

一、眼动的基本形式

眼睛作为最重要的感觉器官，能为人脑提供约80%—90%的外界信息，人类的信息加工在很大程度上依赖于视觉。人的眼球运动主要有三种基本运动方式：注视（fixation）、眼跳（saccades）和追随运动（pursuit movement）（阎国利，2004）。注视是指将眼睛的中央窝对准某一物体；眼跳是注视点的改变，将下一步要注视的内容落在视网膜最敏感的区域——中央窝附近；追随运动则是当被观察对象与眼睛

存在相对运动时,眼睛追随注视对象移动。

以上三种眼动方式的目的均在于选择信息、将注意对象成像于中央窝区域,以形成清晰的像。研究表明,眼动的各种模式一直与人的心理变化相关联(韩玉昌,2000)。眼动反应是一个视觉信息加工过程,而视觉反应则是大脑的信息处理加工过程。对于眼球运动(以下简称眼动)的研究被认为是视觉信息加工研究中最有效的手段,目前心理学研究常用的眼动资料或参数主要包括:眼动轨迹图、眼动时间及次数(注视时间及次数、眼跳时间及次数、回视时间及次数、眼跳潜伏期、追随运动时间等)、眼动的方向和距离、瞳孔大小与眨眼等(邓铸,2005)。眼动的时空特征是视觉信息提取过程中的生理和行为表现,其与心理活动直接或间接的关系奇妙而有趣。

二、眼动记录方法

早在一百多年前就有人利用眼动对人的心理进行研究,而眼动记录方法的准确与便利成了至关重要的问题。心理学家及有关专家一直致力于对眼动记录方法的改进与发展。近年来,一些精密测量眼动规律的仪器(以下称眼动仪)相继问世,为心理学的实验研究提供了新的有效工具,使心理实验的客观性、科学性又向前迈进了重要的一步。

尽管眼动记录方法有很多,现在主要使用的是集成了光学技术、摄影技术、计算机硬件技术和计算机软件技术的眼动记录系统。现代眼动仪的结构一般包括四个系统:光学系统、瞳孔中心坐标提取系统、视景与瞳孔坐标叠加系统、图像与数据的记录与分析系统。与本研究中使用的 Eyelink-Ⅱ型眼动仪有关的是角膜和瞳孔反光法。角膜反光法作为一种重要的眼动记录方法,其最大的优点是被试的眼睛上可以不附加任何装置,使实验更加自然。现代较为先进的眼动仪将一束红外光线照射到被试的眼睛上,使用瞳孔摄像机监视着被红外线照射后反射回来的瞳孔图像,与其他监视器相配合加以记录。

三、眼动信息加工模型

眼动的心理学研究基于视觉信息加工与眼动的密切关系,利用眼动记录技术对视觉信息加工进行精细的记录和分析,从视觉信息加工的行为特点来探讨心理活动的深层心理机制和生理机制。该领域的基本理论主要是关于阅读过程中视觉信息加工与眼动的关系理论,早期的理论模型包括视觉缓冲器加工理论、直接假说(immediacy assumption)和眼—脑假说(eye-mind assumption)、副中央窝加工理论、"聚光灯"理论和 Morrison 的眼动理论模型。新近的眼动理论模型不仅定性说明认知加工与阅读中眼动的关系,而且对其进行定量描述,包括 O'Regan 的战略战术模型、Reichle 的 E-Z 读者模型等。但目前仍没有一个得到公认的理想模型。

Godijn 和 Theeuwes(2003)在研究基础上提出的竞争—整合模型对于理解眼动与注意的关系很有帮助。在人与环境的交互作用中,视觉信息的选择性提取与选择性加工非常重要,人们需要选择与活动目的相适应的信息而忽视与目标无关的信息。眼动伴随着"想看什么"或"看到了什么",其主动性不仅在很多情况下服从于活动任务,也包括无意识指引下对信息的"觉察性"或"觉知性"。

视野中各部分被选择的控制机制既包括由刺激特性驱动的自下而上外源性控制(exogenous control),也包括由目标或期望驱动的自上而下内源性控制(endogenous control)。竞争—整合模型就是根据各种不同任务情况下的眼跳行为来建立的,它同时提供了一个注意与眼跳的关系框架,以解释外源性眼跳(exogenous saccades)与内源性眼跳(endogenous saccades)之间的竞争。

第二节 阅读过程中的眼动研究

一、西文阅读的眼动研究

眼动分析法是研究阅读的最直接方法。西方对阅读的眼动研究历史始于19世纪末,先从基础研究开始后转移到阅读教学和测验等应用研究,再随着认知流派的兴起将其用以分析信息加工过程。阅读过程中所涉及的眼动形式主要有注视、眼跳、回视(regressive eye movement)和回扫(return sweep)。

最近20年来,研究者主要使用移动窗口(moving window)、中央窝遮蔽(fovea mask)和边界范式(boundary paradigms)技术三种眼动随动技术。阅读过程中的知觉广度很小并呈现左右不对称的特点,拼音文字(如英文)的广度一般只有从注视点左侧3—4个字母到注视点右侧14—15个字母的长度。阅读技巧及文本难度等因素对知觉广度有一定的影响,特别是注视点内容的难度会影响对旁视野信息的提取。

在对阅读过程中信息获取方面的研究上,通过命名任务范式发现,阅读者只能在注视的某个关键期才能获取信息,而这个关键期随注视任务的不同时间位置也不同,具有一定的灵活性。人们可以从注视点右侧单词的局部获取信息,但信息量少于注视单词整体时,还可以从单词的长度获取信息。人们从旁视野获取的信息有字形信息和语音信息(Jared, Levy, & Rayner, 1999),但尚无充分证据说明可以从旁视野获取语义信息。阅读时被跳过区域的变化将影响阅读者对下一个相邻区域的注视时间。

在阅读中发生眼跳时,下一个注视点的位置不仅取决于当前注视点右侧的字母信息,而且受到词右边边界的影响,存在着最佳位置(optimal view position)和偏好位置(preferred view position)之分。注视点的位置会对阅读速度及阅读成绩产生影响。阅读速度、平均注视停留时间和眼跳距离会随着阅读材料的难度不同而不同。

对拼音文字进行词加工时,一个词的最初几个字母在单词识别中起着重要的作用,词频、词性、语境会影响对该词的注视时间,对一个词的注视时间可以反映对其的加工难度,受高级心理加工过程的影响。

二、中文阅读的眼动研究

西文阅读的眼动研究具有一定的启发意义,为中文的阅读研究提供了一些依据。但是毕竟汉字由音符、意符、记号三类符号组成,属于方块形体的语素文字(马国荣,1990),常用字集中,信息量大,同音字多,形声字多(陈洁,1988),和拼音文字有着很大的差别,不同的文字系统会对阅读过程产生影响,不可生搬硬套。

汉语阅读的知觉广度是从注视点左侧一个字到右侧3个字的长度。中文句子的早期加工不是单纯的句法分析,还包含了语义加工,语义信息对句法结构的构建存在即时作用(陈向阳,2000)。Hoosain(1991)认为中文阅读中的副中央凹比英文阅读中的副中央凹能提供更多的信息,因为汉字是一个方块字,信息密集度要高于拼音文字,而且汉字不受字长、字母频率、字母串意义等因素限制,更加容易在副中央凹内得到加工。Inhoff 和 Liu(1998)的研究证实了 Hoosain 的假设,读者可以从距离当前注视点右侧约2~3个汉字上提取信息,并把这些信息和稍后注视点信息进行整合。还有研究(Inhoff & Liu, 1998; Liu, Inhoff, Ye, & Wu, 2002)表明,在自然阅读情况中,单个汉字的跳读很普遍,占了总跳读次数的60%以上,并由此推测在中文句子阅读过程中,当读者注视某个汉字或其临近的汉字时,都可以对该汉字进行加工和识别。黄时华(2005)的实验结果表明,在中文阅读过程中,读者不仅可以从副中央凹内提取出有效的语义信息,而且还可以利用这些副中央凹信息激活并整合先前的背景信息,从而能够预期到冲突性,延缓稍后注视点的信息加工。也就是说,副中央凹的语义信息在一定程度上可以参与到高级的信息整合过程中。

第三节　眼动研究的应用及方法评价

眼动研究有广泛的心理学价值,它"暗示着大脑如何搜集或筛选信息"。视觉信息的接收、搜索和提取特征与人的活动目的相关联,关系到动机系统、态度体系,与个体的能力、个性等有关。眼动研究与视觉信息加工的关系,使它在许多心理学分支上得到广泛应用,包括研究视觉信息加工、动机与态度、心理发展、阅读与学习、消费心理、工程心理、交通心理、体育心理,甚至是病理心理等方面(邓铸,2005)。

眼动信息可以反映信息提取和选择方面的过程与规律,研究不同个体在相同情境中的动机与态度取向,考察不同年龄个体的信息加工及学习能力的发展,推断个体表征问题和解决问题的过程和机制,决定广告设计策略,探测人—机互动及视觉控制问题,为工程及交通设施的设计提供参考,为甄别人员及反馈培训服务。

眼动研究已经成为心理学基础实证研究的重要手段,即利用眼动记录技术对视觉信息加工进行精细的记录和分析,从视觉信息加工的行为特点来探讨心理活动的深层心理机制和生理机制。由于眼动仪对被试正常活动干扰较小,从而可以确保被试的活动更接近于平时状态,所以利用眼动仪记录被试的信息加工过程具有很明显的"生态学效度"(沈德立,2001)。眼动研究方法的优点还在于可以实时测量认知活动,与多媒体技术的结合为眼动技术的运用提供了更为广阔的空间。它在认知神经科学、心理学、计算机科学和广告等研究领域中得到了广泛的应用,并取得了一系列丰硕的成果。国内外眼动心理学研究依然会顺应当前整个心理学发展的总体趋势,加强应用研究,特别是与经济建设和高科技领域相结合的研究将会成为眼动心理学的主题,如人机交互中的眼动研究、媒体应用与通信中的眼动研究等。

眼动技术本身还存在着许多不足的地方,例如,眼动是否能真正反映认知加工,没有注视是否表示没有信息加工,除中央凹以外区域的信息处理,许多高级的内在心理活动过程无法通过眼动记录观察到等。虽然眼动技术能有效推测个体的内在认知过程,但是却不能直接揭示信息加工的生理机制,可以考虑将眼动技术与事件相关电位和脑功能成像技术相结合进行研究。而且当前眼动心理学的研究还是以资料积累为主,许多研究还是停留在眼动现象的测定与描述,对眼动的内在原因分析不够。虽然也存在一些理论模型假设,但是,这些模型只能够在一定范围内解释实验现象,却不能在较高的抽象层次上说明信息加工的机制,还需要在实验资料积累的基础上进一步发展,尤其是需要在结合了现代认知神经科学研究结果的基础上,建立具有广泛解释效度的心理加工理论。

PART 3

第三部分 >>

实证——接近真理的步伐

第八章
用 GNAT 范式对内隐自尊的 ERP 研究

第一节 前言：内隐自尊与 GNAT

一、内隐自尊研究

内隐自尊是内隐社会认知的一个热点和焦点问题。诸多内隐社会认知研究中，研究者发现人们对自我持肯定态度，评价与自己有关的事物时往往具有明显的积极性（Hetts, Sakuma, & Pelham, 1999; Bosson, Swann, & Pennebaker, 2000; Koole et al., 2001）。人们往往用积极的词汇来形容他们自己（以及属于自身延伸的人和事物）。Greenwald 与 Banaji（1995）提出了"内隐自尊"的概念，认为内隐自尊是对同自我相连或相关的事物作评价时，一种通过内省无法识别出（或不能正确识别出）的自我态度效应，即作出积极自我评价的倾向。内隐自尊效应通常包括在加工与自我有关的信息时的积极倾向(Greenwald & Banaji,1995)。大量研究表明,当把某事物直接或间接同自我相连时,个体就会对其作出某种积极肯定的评价。Greenwald 等(1995)还划分了从不同角度通过观察与实验研究获得的三种内隐自尊效应:实验控制条件下的内隐自尊、原生内隐自尊、次级内隐自尊。

Greenwald 等(2000)利用 IAT 方法研究内隐自尊,研究发现评价性 IAT 效应和情感性 IAT 效应大小分别为 1.46 和 1.38,性别和种族之间无显著差异,说明自我肯定效应具有普遍性,不因性别和种族而变。蔡华俭(2003)研究发现,自我评价性 IAT 效应和自我情感性 IAT 效应都非常显著,被试倾向于将自我词和积极的刺激词归为一类,表明在被试的自我图式中,自我与积极的词语联系更为紧密,自我词所激活的自我态度为积极肯定的。Aidman 与 Carroll(2003)的研究中报告,男性被试和女性被试对自我—积极概念组合反应比对非我—积极概念组合要快,体现了相当程度的自我肯定。自我肯定动机和自我提升动机使个体偏向于自我感觉良好、自我胜任感强的信息。这些动机人们可能没有意识到,但是他们往往会把这种对自我无意识的积极评价倾向投射到与自己有关的人、群体或事物上。

Greenwald 等人(2002)进一步将其内隐自尊与内隐态度、内隐刻板印象、内隐自我概念相整合,提出了内隐态度、内隐刻板印象、内隐自尊和内隐自我概念的整合理论。该理论认为,内隐态度和内隐刻板印象是以内隐自尊和内隐自我概念为基础的,内隐自尊越强,内隐自我概念越牢固,内隐态度就越积极。例如,内隐自尊高的女性被试潜意识非常认同自己的性别角色,那么她对于女性的态度就会非常积极。由此可见,内隐自尊对于个体的内隐社会认知有着极其重要的意义,研究内隐自尊有助于我们更好地理解和把握内隐社会认知的规律。

二、内隐自尊研究的 GNAT 范式

Go/No-go 联想测验是 Nosek 和 Banaji(2001)在 IAT 方法的基础上发展出来用于测量内隐社会认知的测量方法。GNAT 是对 IAT 的有机补充,弥补了 IAT 使用时需要提供两类相应的类别维度、不能对单一对象(如花或昆虫)进行评价的不足。GNAT 范式不仅可以考察单一目标类别(如水果)与属性概念(如积极和消极评价)之间的联结程度,而且还吸收了信号检测论(signal detect theory, SDT)的思想,在反应时指标之外增加了感受性指标(d'),关注了反应速度与反应准确性之间的平衡关系。运用信号检测论其原理在于:如果信号中的目标类别和属性类别概念联系紧密,那么相对于联系不太紧密或没有联系的情况,被试更具有敏感性,更容易从噪声中分辨出信号,即 d' 值更大。

用 GNAT 范式测量内隐自尊时,将目标概念设为自我和他人(非我),属性概念设为积极和消极,在不同实验组块中设计目标刺激(信号)和干扰刺激(噪声),如目标类别(自我)和积极评价(聪明)作为信号而目标类别(他人)和消极评价(愚蠢)作为噪声。当呈现"自我"或"聪明"时被试按空格键作出反应(称为Go),当呈现"他人"或"愚蠢"时被试不作出反应(称为 No-Go)。利用 GNAT 范式,不仅可以测量个体对自我的内隐态度,还可以同时测量个体对他人(非我)的内隐态度,具有比 IAT 更多的灵

活性和更广的适用范围。

耿晓伟、郑全全(2005)使用 GNAT 方法测量了中国文化下的内隐自尊,发现在 GNAT 测量中,被试的感受性指标在目标词为自我+积极词的条件下要比目标词为自我+消极词的条件下更高,差异显著($p<.01$);在目标词为他人+消极词的条件下要比目标词为他人+积极词的条件下更高,差异显著($p<.01$)。杨福义(2006)的博士论文中也使用 GNAT 方法,并得出了类似的结论。

三、内隐社会认知的 ERP 研究

已有的内隐自尊研究主要关注点在于内隐自尊与外显自尊的关系、内隐自尊与行为的关系、内隐自尊与其他心理认知结构的关系,等等。对包括内隐自尊在内的内隐社会认知生理机制的探索随着社会认知神经科学研究的发展逐渐引起研究者们的关注。Gray 等(2004)评定了 P300 这一 ERP 成分,认为 P300 可以反映对自我相关刺激的注意。研究者用自传体性自我相关刺激(例如自己的名字)激活 P300,发现自我相关刺激诱发的 P300 比非我刺激诱发的振幅大。此外,对 P300 的潜伏期分析提示,自我相关效应出现在与选择性注意相关的认知加工高级阶段。Ito 与 Cacioppo(2000)使用 ERP 来测量评价(积极和消极)维度和非评价(人和非人)维度上刺激的内隐和外显分类,发现晚期正成分(LPP)既对外显分类任务敏感,也可以反映内隐分类过程。

四、研究意义

本研究的目的在于利用 GNAT 实验范式收集 ERP 相关数据

来探讨内隐自尊。首先,通过 GNAT 收集行为数据(即 d' 和反应时),考查自我—积极与自我—消极之间、他人—积极与他人—消极之间的 d' 和反应时是否存在显著差异,进而推测内隐自尊是否建立在自我肯定动机和自我提升动机的基础之上,人们是否通过贬低他人来提高自尊(即对他人是否持消极态度),人们对自我和他人的态度是同一系统的两个方面,还是两个不同的认知加工系统。其次,收集 GNAT 范式测量内隐自尊过程中的 ERP 数据,考察不同情境中的自我相关信息和他人相关信息的 ERP 时间进程是否存在差异,以了解对自我和他人的内隐态度是否存在脑机制基础。

第二节 研究方法:被试、材料、实验程序与数据收集

一、被试

华东师范大学心理系本科生和研究生共 12 人,其中男生 6 名、女生 6 名,年龄在 22—30 岁之间,身体健康,视力或矫正视力正常,其中两名被试因脑电记录中的伪迹太多,数据被剔除,因此得有效被试 10 人(5 男 5 女)。

二、材料

刺激材料共分为四类:10 个表示自我的词、10 个表示他人的词、20 个积极词和 20 个消极词。

积极词又分为两类：一类是积极属性词,另一类是积极情感词。

消极词也分为两类：一类是消极属性词,另一类是消极情感词。

积极词和消极词均译自 Greenwald 等(2000)设计并用于测量内隐自尊的 IAT 研究中,国内蔡华俭(2003)等人在实验中使用过。

三、实验程序

实验时,被试坐在隔音、亮度适中的电磁屏蔽室中。正式实验前,被试先做练习,以便被试了解实验要求。正式实验依要求按键反应的刺激(即要求检测的信号)不同共分为四个组块：

(1) 我—积极；

(2) 自我—消极；

(3) 他人—积极；

(4) 他人—消极。

信号和噪声的比例为 1∶1,每个组块的信号和噪声共 80 个。四个组块的呈现顺序被试间平衡,组块内部各刺激词随机出现。每两个组块结束后,给予被试短暂休息时间。

实验开始时,屏幕中央先出现一个"+",同时屏幕下方提示本组块的信号类别(如,自我或积极),待"+"和提示消失后,屏幕中央出现刺激词。如果刺激词属于信号类别,要求被试按空格键反应；如果刺激词不属于信号类别,被试不作反应。如果被试按键,电脑将自动记录反应时间,如果被试不按键,刺激词会在 600 ms 之后消失,并给出反应正确与否的反馈。实验时要求被试尽可能又快又好地进行反应。整个实验,包括电极帽放置和摘除时间,大约一个小时。

四、数据的收集和分析

实验使用德国 brain products 公司生产的 256 导 ERP 设备进行分析记录,同时记录行为数据。记录电极固定于 32 导电极帽,电极位置采用 10~20 扩展电极系统。两个导联用于垂直和水平眼电(EOG)记录,参考电极置于左右耳耳垂,接地电极为 Cz 点,滤波带通为 0.1~100Hz,A/D 采样频率为 500Hz。电极与头皮接触电阻均小于 5KΩ。记录下的连续文件在离线条件下去眼电、分段,然后进行基线校正、去伪迹、叠加等处理。ERPs 的分析时程为 -200ms~800ms,用 -200ms~0ms 的平均振幅对基线进行矫正。伴有眨眼、眼动、肌电等伪迹的数据均被校正。

对上述收集的数据使用 SPSS11.0 软件包进行统计处理。

第三节 结果:感受性指标(d')、反应时指标与 ERP 数据

一、信号类别词的感受性指标(d')

GNAT 范式中引入了信号检测论的思想,用感受性指标(d')的差异来反映类别和评价之间的联系。如果信号中的目标类别和属性类别概念联系紧密,被试更容易从噪声中分辨出信号,即 d' 值更大。遵循 Nosek 和 Banaji(2001)的做法,先分别计算出四个组块的击中率和虚报率,并分别将其转换为 Z 分数,两者之差作为感受性指标,即 GNAT 指标。

前两个组块中"自我"类别词、后两个组块中"他人"类别词

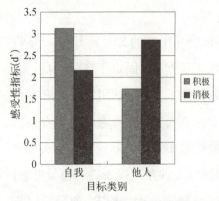

图 8-1 信号类别词的感受性指标（d'）

的感受性指标见图 8-1。方差分析结果表明，四种情况下的 d' 存在极其显著差异，$F(3,44)=7.619, p=0.000$。

自我—积极条件下的 d' 值（3.1244）与自我—消极条件下的 d' 值（2.1630）之间存在极其显著差异（$p=0.005<0.01$），即与自我和消极词作为信号相比，当自我和积极词作为信号时，被试更容易从噪声中分辨出信号。

他人—积极条件下的 d' 值（1.7313）与他人—消极条件下的 d' 值（2.8581）之间存在极其显著差异（$p=0.001<0.01$），即与他人和积极词作为信号相比，当他人和消极词作为信号时，被试更容易从噪声中分辨出信号。

自我—积极条件下的 d' 值与他人—积极条件下的 d' 值之间存在极其显著差异（$p=0.000$），即与他人和积极词作为信号相比，当自我和积极词作为信号时，被试更容易从噪声中分辨出信号。

自我—消极条件下的 d' 值与他人—消极条件下的 d' 值之间存在显著差异（$p=0.039<0.05$），即与自我和消极词作为信号相比，当他人和消极词作为信号时，被试更容易从噪声中分辨出信号。

二、信号类别词的反应时指标

反应时也可以作为反映被试心理加工快慢的一个指标。前两个组块中"自我"类别词、后两个组块中"他人"类别词的感受性指标见图8-2。

方差分析结果表明,四种情况下的反应时存在显著差异,$F(3,44)=4.164$,$p=0.011$。自我—积极条件下的反应时(451.972 9 ms)与自我—消极条件下的反应

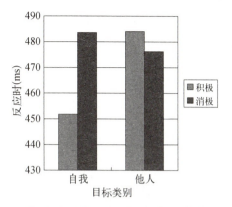

图8-2 信号类别词的反应时指标

时(483.675 0 ms)、他人—积极条件下的反应时(484.056 2 ms)、他人—消极条件下的反应时(476.245 5 ms)都存在显著差异,p值分别为0.004、0.004和0.025。

三、ERP 数据结果

将自我—积极、自我—消极、他人—积极、他人—消极四个组块中类别词呈现过程中的 EEG 结果进行分类叠加,得到四条 ERPs 曲线(见图8-3)。本研究选取 Cz、Fz 和 Pz 三点,采用峰振幅与峰潜伏期测量法进行分析测量,从图中可以看出,实验任务诱发出 P1(50 ms~120 ms)、N1(80 ms~150 ms)、P2(120 ms~220 ms)、N2(190 ms~330 ms)、P3(350 ms~530 ms)及晚期正成分(LPC)。

采用两因素重复测量方差分析方法对各成分的振幅和潜伏期分别进行统计分析,一个因素为信号类别,有四个水平,即自我—积极条件中的自我、自我—消极条件中的自我、他人—积极

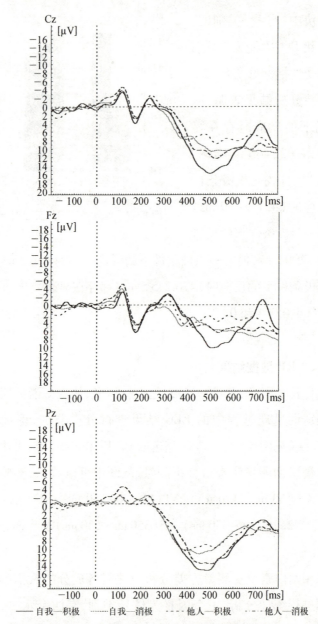

图 8-3 Cz、Fz、Pz 三点在四种条件下诱发的 ERP 总平均图(n=10)

条件中的他人和他人—消极条件中的他人,另一个因素为电极位置,有 Fz 点、Cz 点和 Pz 点三个水平,采用 Greenhouse-Geisser 法矫正 p 值。

(一) ERP 早期成分

统计分析结果发现,P1、N1 的潜伏期和振幅上所有主效应和交互作用均不显著。P2 的潜伏期上所有主效应和交互作用均不显著,振幅上信号类别的主效应和信号类别与电极位置的交互作用不显著,电极位置的主效应极其显著,$F(2,56)=30.023, p=0.000$,Fz 点的振幅最大,Cz 点其次,Pz 点最小。

(二) N2 的振幅和潜伏期

N2 的潜伏期上信号类别的主效应不显著,电极位置的主效应极其显著,$F(2,56)=29.728, p=0.000$,Pz 点的潜伏期最短,Cz 点其次,Fz 点最长。信号类别与电极位置的交互作用极其显著,$F(6,56)=5.714, p=0.002$,表现为 Cz 点和 Pz 点上四种信号类别诱发的 N2 潜伏期不存在显著差异,Fz 点四种信号类别诱发的潜伏期存在显著差异,$F(3,28)=4.374, p=0.012<0.05$。LSD 多重比较显示,自我—积极与自我—消极存在显著差异,$p=0.011$,自我—积极与他人—积极存在显著差异,$p=0.017$,他人—消极与自我—消极存在显著差异,$p=0.016$,他人—消极与他人—积极存在显著差异,$p=0.023$,其余两者之间差异不显著,也就是说 N2 在自我—积极和他人—消极的潜伏期显著长于自我—消极和他人—积极的潜伏期。

N2 的振幅上,所有主效应和交互作用均不显著。

(三) P3 的振幅和潜伏期

P3 潜伏期上信号类别的主效应极其显著,$F(3,28) = 12.198$,$p = 0.000$,电极位置和信号类别与电极位置的交互作用不显著。LSD 多重比较显示,自我—积极与自我—消极存在极其显著差异,$p = 0.000$,自我—积极与他人—积极存在极其显著差异,$p = 0.000$,他人—消极与自我—消极存在极其显著差异,$p = .001$,他人—消极与他人—积极存在极其显著差异,$p = .002$,其余两者之间差异不显著,也就是说 P3 在自我—积极和他人—消极的潜伏期显著长于自我—消极和他人—积极的潜伏期。具体分析每个电极位置的 P3 潜伏期,都发现自我—积极和他人—消极的潜伏期显著长于自我—消极和他人—积极的潜伏期。

P3 振幅上信号类别的主效应接近显著水平,$F(3,28) = 2.876$,$p = 0.054$,电极位置的主效应极其显著,$F(2,56) = 29.448$,$p = 0.000$,表现为 Pz 点的振幅最大,Cz 点其次,Fz 点最小,信号类别与电极位置的交互作用不显著。LSD 多重比较显示,自我—积极与自我—消极存在显著差异,$p = 0.048 < 0.05$,自我—积极与他人—积极存在显著差异,$p = 0.011$,其余两者之间差异不显著,也就是说 P3 在自我—积极条件下的振幅显著大于自我—消极和他人—积极条件下的振幅。具体分析每个电极位置的 P3 振幅,发现 Cz 点上自我—积极的振幅显著大于他人—积极的振幅,Fz 点上自我—积极的振幅显著大于自我—消极和他人—积极的振幅,Pz 点上四种情况的振幅无显著差异。

第四节 讨论：GNAT中的内隐自尊效应、与他人内隐态度的关系等

一、GNAT测验中的内隐自尊效应

在本研究的GNAT测验中，自我—积极条件与自我—消极条件之间的d'和反应时都存在极其显著差异，体现了内隐自尊效应，个体无意识地表现出对自我及相关信息的积极评价倾向。该结果与Greenwald等人（2000）及蔡华俭（2003）的研究结果一致，这一结果也和耿晓伟、郑全全（2005）及杨福义（2006）的研究结果一致，在GNAT测量中，被试的感受性指标在目标词为自我+积极词的条件下要极其显著高于其在目标词为自我+消极词的条件下。感受性指标的差异表明，在个体的认知结构中，将自我和积极属性联系在一起，自我和积极之间有着强烈、紧密的联结，而且这种联结具有跨种族、跨性别的一致性，体现了被试对自我的内隐积极态度，为自我肯定动机和自我提升动机的内隐性提供了佐证。

二、内隐自尊与内隐他人态度的关系

自尊是个体对自我的一种态度，那么个体对自我的态度与个体对他人的态度之间是一种什么样的关系呢？作者认为有两种可能：其一，两者是同一认知系统，对自我的肯定意味着对他人的否定，进而通过贬低他人来提升自己；其二，两者是两个不同的

系统，对自我的态度与对他人的态度之间互不影响。

实验结果表明，他人—积极与他人—消极条件之间的 d' 存在极其显著差异，而反应时之间不存在显著差异。这也和耿晓伟等（2005）、杨福义（2006）的研究结果一致，感受性指标在目标词为他人+消极词的条件下要极其显著高于其在目标词为他人+积极词的条件下。当他人和消极词作为信号时，被试更容易从噪声中分辨出信号，说明在被试的认知结构中，他人概念是与消极属性联系在一起的，从而出现对他人的消极内隐态度。

Fazio(1986,1995)的强度可及性（accessibility of strength）理论认为，态度只有达到一定程度的强度，可及性现象才会发生，可及性是区别态度差异的一个指标。态度的可及性越强，越可能和态度的稳定性、抗变性、态度行为的一致性和对相关信息的选择判断产生联系。反应时越短，记忆中的态度再现速度越快，意味着可及性越高，态度强度越高。本实验结果中未出现他人—积极与他人—消极条件下反应时上的差异，可能是由于对他人内隐态度的可及性不如对自我的内隐态度高，态度强度不如对自我的肯定态度强，所以通过延长反应时间能够在一定程度上弥补两者态度之间的差异，达到 d' 上相似的结果，即将他人与消极信息联结更好。这一现象提示，个体对他人存在一定的消极态度，但强度不如对自己的积极态度强。

三、对内隐自尊脑机制的初步探讨

本研究中 ERP 早期成分 P1、N1、P2 的潜伏期和振幅上信号类别的主效应和信号类别与电极位置的交互作用均不显著。这可能是因为 ERP 的早期阶段主要涉及视觉加工的早期阶段,属于较低认知功能水平,四种不同条件下的视觉加工的时间进程及加工程度基本一致。四种条件下对刺激语义的理解属于高级认知水平,可能发生的时间较晚。

N2 的潜伏期上信号类别的主效应不显著,电极位置的主效应极其显著,信号类别与电极位置的交互作用极其显著。N2 出现得较早的 Cz 点和 Pz 点上四种信号类别诱发的 N2 潜伏期不存在显著差异,N2 出现较晚的 Fz 点上四种信号类别诱发的潜伏期存在显著差异,自我—积极和他人—消极的潜伏期显著长于自我—消极和他人—积极。这可能说明在 Fz 点上四种信号类别引起的心理加工出现了差异。自我—消极和他人—积极条件下引起的 N2 出现较早,而自我—积极和他人—消极条件下引起的 N2 出现较晚,这可能与刺激识别难度有关,冲突较大难以识别的刺激诱发的 N2 早于冲突较小易于识别的刺激诱发的 N2,与"N2b 潜伏期与靶刺激的识别难度成反比"的观点一致(Sams, Paavilainer, Alho, et al., 1985)。前人研究发现 N2b 只在注意条件下出现,需要注意资源的参与(魏景汉、罗跃嘉,2002)。自我—积极和他人—消极条件下 N2 潜伏期的延迟也可能是因为额区出于联结信息对主体的意义,对联结信息加以关注,投入注意资源,主动检测目标并进行加工。

P3 的潜伏期存在极其显著的信号类别主效应,自我—积极和他人—消极的潜伏期显著长于自我—消极和他人—积极的潜伏期,与 Fz 点 N2 的情况一致。以往研究表明,P300 的潜伏期并不能反映个体的反应选择速度(Polich & Kok, 1995; Kok,

2000),P300潜伏期与个体反应时间并不冲突。

P3的振幅上信号类别的主效应也接近显著水平。自我—积极条件下的振幅显著大于自我—消极和他人—积极条件下的振幅,可能是由于自我与积极概念之间有着较强的联结。自我—积极条件下的自我相关信息加工可能使用了更多的资源。前人研究认为P300与选择性注意和资源分配等高级认知活动有关(Donchin & Coles,1988)。P300的振幅与加工给定刺激时使用的注意资源量成比例(Johnson,1988)。自我—积极信息的P300振幅大反映出自我—积极信息对个体的意义和价值,体现了内隐自尊的价值。Donchin(1981)提出的背景更新理论模型(context updating model)认为:当某一信息出现时,人脑一方面要对之作出反应,另一方面要根据它对主体的意义大小,通过将之整合到已有表征中去形成新的表征,对现有相关信息进行不同程度的修正,以调整应付未来的策略。那些对主体越有意义的信息越容易被主体进行深度加工并加以整合。对自我—积极信息进行深度加工符合"自我肯定动机"和"自我提升动机"的价值倾向性。Gray等(2004)的研究也发现自我相关刺激诱发的P300振幅比自我无关刺激诱发的P300振幅大。本实验中P3振幅的电极位置主效应极其显著,表现为Pz点的振幅最大,Cz点其次,Fz点最小,与Gray等(2004)的研究结果也是一致的。P3振幅的差异在Fz点表现最明显,结合N2潜伏期在Fz点出现差异,可以推测额区在概念联结加工中发挥作用。

虽然和自我—积极条件下一样,他人—消极条件比自我—消极和他人—积极条件迟些诱发出P3,但是振幅上并不大于自我—消极和他人—积极条件。这可能说明他人与消极概念之间虽然有着一定的联结,但是程度远没有自我与积极概念之间的联结强,与行为数据相符。

综上所述,作者认为内隐自尊效应在生理机制上以脑部对自我积极信息进行深度加工为基础,表现为自我与积极概念间的自动化联结,对他人的态度在脑机制上有一定的倾向性。想了解对自我的态度与对他人的态度在脑内部心理加工上是否为两个不同的系统,内隐自尊是否必然导致对他人的消极态度,尚需今后进一步深入的研究。

第五节 结 论

综上所述,可以得出以下六点结论:

(1) 自我—积极条件下的 d' 值与自我—消极条件下的 d' 值之间存在极其显著差异;他人—积极条件下的 d' 值与他人—消极条件下的 d' 值之间存在极其显著差异。

(2) 自我—积极条件下的 d' 值与他人—积极条件下的 d' 值之间存在极其显著差异;自我—消极条件下的 d' 值与他人—消极条件下的 d' 值之间存在显著差异。

(3) 自我—积极条件下的反应时显著短于自我—消极、他人—积极和他人—消极三种条件下的反应时。

(4) 自我—积极和他人—消极条件下的 N2 潜伏期显著长于自我—消极和他人—积极条件下的 N2 潜伏期。

（5）自我—积极和他人—消极条件下的 P3 潜伏期显著长于自我—消极和他人—积极条件下的 P3 潜伏期。

（6）自我—积极条件下的 P3 振幅显著大于自我—消极和他人—积极条件下的 P3 振幅。

第九章
成败内隐自尊的 ERP 研究

第一节 前言：内隐自尊与成败

一、外显自尊和内隐自尊与成败的关系

已有的自尊研究不仅关注自尊的本质和来源,还探讨自尊的影响和作用(张静,2002;张向葵、田录梅,2005;吴明证、水仁德、孙晓玲,2006)。当前备受关注的一类研究关注的是:当人们接收到评价性反馈时,自尊会起什么作用。一些研究考察整体自尊如何影响人们应对评价性反馈的方式(Baumeister & Tice, 1985; Brown, 1993);有些研究探讨评价性反馈如何影响自我价值感(Leary et al., 1995; MacFarland & Ross, 1982);还有一些研究考察这种假设的自我感觉良好需要(即自我增强动机)如何指导人们应对评价性反馈(Steele,

1988；Tesser，1988）。

　　传统理论认为，学业上的成功将导致自尊的提高，而20世纪60年代以来的新观点则强调自尊的提高对学业成就的影响。许多研究也表明，自尊和学业成就之间存在中等或以上的显著正相关。自尊与学业成败的关系还表现在自尊如何影响个体对成败反馈的反应。从总体上说，自尊对人们应对积极反馈的方式影响很小（Brown & Dutton，1995；Campbell，1990；Zuckerman，1979），几乎每个人都希望获得成功，实现后也会感觉良好，不会出现大的问题。人们更关注的是自尊如何帮助人们面对消极的反馈，高自尊者和低自尊者在对消极事件进行反应中存在不同的策略，两类人群对失败的行为反应也存在差异。Josephs等人（1992）发现，低自尊者倾向于避免冒险，寻求自我保护，更希望虽然回报少但安全的结果（Baumeister et al.，1989；Tice，1993）。尽管高自尊者和低自尊者都可能选择自我妨碍（self-handicapping），即为自己的成功设置障碍，但目的不同。低自尊者把自我妨碍当作自我保护的手段，而高自尊者把自我妨碍当作自我增强的手段（Tice，1991）。Rhodewalt等（1991）也发现，自我妨碍策略缓解了失败对低自尊者的打击，并且增加了高自尊者获得成功后的兴奋。

　　以上提到的大都是外显自尊与成败的关系，一些研究认为内隐自尊与外显自尊同样是人格、认知和行为的一个重要而有意义的成分（Adler，1930；Horney，1937），内隐自尊是对同自我相连或相关的事物作评价时，一种通过内省无法识别出（或不能正确识别出）的自我态度效应，即作出积极自我评价的倾向。内隐自尊将影响人们应对消极反馈（Dijksterhuis，2004；Greenwald & Farnham，2000）。Koole，Smeets，Van Knippenberg 与 Dijksterhuis（1999）考察了积极和消极反馈对内隐自尊的影响。结果发现，在智力测验后给予被试消极的负反馈会使被试对自我的积极偏好降低，此后再对被试某种重要的人格特质给予积极的评价，会重新提升被试对自我的积极偏好。蔡华俭、杨治良（2003）以瑞文智力测验为成败操纵任务，用 IAT 方法研究发现，无论接受的是成功反馈还是失败反馈，被试成败操纵后的反应速度都显著快于操纵前，而且其接受成败反馈后的内隐自尊水平都显著低于接受前。研究者对此的解释是，内隐自尊易受到即时的自我相关情绪体验的影响，具有不稳定性。当个体的兴奋水平、情绪唤醒水平较高，动机较为强烈时，内隐自尊的作用将受到抑制。

　　内隐自尊效应通常包括在加工与自我有关的信息时的积极倾向（Greenwald & Banaji，1995）。自我肯定动机和自我提升动机使个体偏向于自我感觉良好、自我胜任感强的信息。这些动机人们可能没有意识到，但是他们往往会把这种对自我无意识的积极评价倾向投射到与自己有关的人、群体或事物上。当某人、事或观点以某种方式与自我建立直接或间接联系之后，个体会对其产生积极、肯定的评价或偏好，个体对自我无意识的积极评价将影响其对与自我相关事物的态度。内隐自尊的这种效应是否也会出现在加工与自我有关的成败事件上，影响人们判断成败事件时的反应呢？

二、对 GNAT 方法的新尝试

在各个内隐社会认知领域中，IAT 方法已经得到了广泛应用。它以认知心理学中态度的自动化加工(包括态度的自动化启动及启动的扩散)为基础,通过测量概念词与属性词之间的自动化评价性联结的紧密程度来对各种内隐社会认知进行间接测量,以反应时为测量指标。Nosek 与 Banaji(2001)在 IAT 方法的基础上发展出 GNAT 的测量方法,这是对 IAT 的有机补充。

GNAT 考察单一目标类别(如水果)与属性概念(如积极和消极评价)之间的联结程度,弥补了 IAT 使用时需要提供两类相应的类别维度、不能对单一对象(如花或昆虫)进行评价的不足。GNAT 还吸收了信号检测论的思想,补充了 IAT 所采用的单一反应时测量指标,考虑了错误率所包含的信息,关注了反应速度与反应准确性之间的平衡关系。将 GNAT 方法用于测量内隐自尊,不仅测量个体对自我的内隐态度,还可以同时测量个体对他人(非我)的内隐态度,具有比 IAT 更多的灵活性和更广的适用范围。

不管是 IAT 还是 GNAT 方法,测量的都是目标类别与属性概念之间的自动化联结程度,使用的材料都是一系列与研究主题相关的词汇,具有非常浓厚的实验室研究色彩。例如,测量内隐自尊时,使用的是表示自我的词、表示他人的词、积极词(属性词和情感词)和消极词(属性词和情感词);测量内隐职业性别刻板印象时,使用的是表示男性的词、表示女性的词和各种职业类别词。正由于 IAT 和 GNAT 方法在实验材料和情境上的单纯性,结果往往与社会认知缺乏密切的联系。是否可以考虑在 GNAT 方法的基础上,尝试使用一些具有现实情境性的语句,加强实验研究与真实生活之间的联系,以提高研究的生态效度呢?

本研究对 GNAT 方法进行了创新,发展出语句 GNAT 研究方法,以内隐自尊与成败事件的关系为切入点,以具有一定现实情境性的成败事件语句为材料,考察被试判断成败事件的反应差异是否体现内隐自尊效应,同时考察被试对他人成败事件的内隐态度。在强调生态效度的同时,本研究不忘强调社会认知背后的生理视角,收集成败内隐自尊测量过程中的 ERP 数据,ERP 波形中某些成分表现出潜伏期或波幅等特征差异可间接推断出隐藏在背后的生理机制,从而补充和丰富内隐自尊理论生物学方面的证据。

第二节　研究方法:被试、材料、实验程序与数据收集

一、被试

华东师范大学本科生和研究生共 14 人,其中男生 7 名、女生 7 名,年龄在 22—26 岁之间,身体健康,视力或矫正视力正常,其中两名被试因脑电记录中的伪迹太多,数据被剔除,因此得有效被试 12 人(5 男 7 女)。

二、材料

刺激材料为 60 个说明成败事件的句子,其中成功事件 30 句,失败事件 30 句,依句子中出现的人称可分为"我""他"和"她"三类,各 20 句。例如:

我被评为优秀毕业生。

客户投诉了我。

他通过公务员考试。

公司把他解雇了。

主管采纳了她的方案。

加州大学拒绝了她的申请。

三、实验程序

实验时,被试坐在隔音、亮度适中的电磁屏蔽室中。正式实验前,被试先做练习,以便被试了解实验要求。一半被试被要求用左手按键反应,另一半被试被要求用右手按键反应。正式实验依要求按键反应的刺激(即要求检测的信号)不同共分为四个组块:

(1) 要求被试对描述自我事件的句子按"空格"键反应;

(2) 要求被试对描述他人事件的句子按"空格"键反应;

(3) 要求被试对描述成功事件的句子按"空格"键反应;

(4) 要求被试对描述失败事件的句子按"空格"键反应。

每个组块中的 60 个句子各随机呈现 3 次,信号和噪声共 180 个句子。四个组块的呈现顺序被试间平衡,每个组块结束后,被试都可自由选择是否稍事休息,再开始下一个组块。

实验开始时,屏幕中央先出现一个"+",同时屏幕下方提示本组块的信号类别(如,自我),500 ms 之后"+"和提示类别词消失,屏幕中间出现刺激句。如果刺激句符合类别词的要求,则要求被试按空格键反应;如果刺激句不符合类别词的要求,被试则无须作出反应。如果被试按键,电脑将自动记录反应时间,如果被试不按键,刺激句将在 1 000 ms 之后消失。实验时要求被试尽可能又快又好地完成实验。

整个实验,包括电极帽放置和摘除时间,大约一个小时。

四、数据的收集和分析

使用德国 brain products 公司生产的 256 导 ERP 设备进行分析记录,同时记录行为数据。记录电极固定于 32 导电极帽,电极位置采用 10~20 扩展电极系统。两个导联用于垂直和水平眼电(EOG)记录,参考电极置于左右耳耳垂,接地电极为 Cz 点,滤波带通为 0.1~100 Hz,A/D 采样频率为 500 Hz。电极与头皮接触电阻均小于 5 KΩ。记录下的连续文件在离线条件下去眼电、分段,然后进行基线校正、去伪迹、叠加等处理。ERPs 的分析时程为 -200 ms~1 000 ms,用 -200 ms~0 ms 的平均振幅对基线进行矫正。伴有眨眼、眼动、肌电等伪迹的数据均被校正。

对上述收集的数据使用 SPSS11.0 软件包进行统计处理。

第三节 结果:感受性指标(d')、反应时指标与 ERP 数据

一、四种信号类别的感受性指标(d')

根据信号检测论的思想,被试需要进行决策,感受性指标(d')可以排除由被试动机、态度等主观因素造成的反应偏好,而

单纯反映被试的感受性,不受被试判定标准的影响,也不受先定概率的影响。本实验中考察的是被试把描述特定信号类别(如自我)的句子从全部刺激(包括自我和他人)句子中辨别出来的能力。如果在被试的认知框架中信号的位置越突出,则被试越容易从噪声中分辨出信号,即 d' 值更大。男女被试四种信号类别的感受性指标数值见表 9-1。由于实验材料是结构相对复杂的句子,信号类别为"人称"(自我、他人)与信号类别为"事件性质"(成功、失败)在难度上有所差异,因而分别比较其感受性指标 d'(见图 9-1 和图 9-2)。

表 9-1 四种信号类别的感受性指标(d')

信号类别	性 别	Mean	SD
自 我	男(n=5)	4.104 0	0.733 5
	女(n=7)	5.181 4	0.912 5
他 人	男(n=5)	3.739 0	0.940 2
	女(n=7)	4.237 9	1.085 9
成 功	男(n=5)	3.703 0	1.123 3
	女(n=7)	3.572 9	0.536 6
失 败	男(n=5)	3.580 0	0.774 3
	女(n=7)	4.051 4	0.851 9

前两个组块中,信号类别(自我、他人)×被试性别(男、女)两因素方差分析结果表明,信号类别的主效应极其显著,$F(1,10)=12.120, p=0.006<0.01$,被试性别的主效应不显著,$F(1,10)=2.308, p=0.160>0.05$,信号类别×被试性别的交互作用不显著,$F(1,10)=2.369, p=0.155>0.05$。

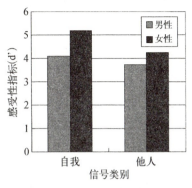

图 9-1 人称类别的感受性指标(d')

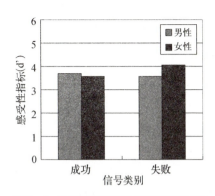

图 9-2 事件性质类别的感受性指标(d')

后两个组块中,信号类别(成功、失败)×被试性别(男、女)两因素方差分析结果表明,信号类别的主效应不显著,$F(1,10) = 0.645, p = 0.441 > 0.05$,被试性别的主效应不显著,$F(1,10) = 0.159, p = 0.698 > 0.05$,信号类别×被试性别的交互作用不显著,$F(1,10) = 1.845\ 6, p = 0.204 > 0.05$。

二、信号类别词的反应时指标

除了感受性指标之外,反应时也是此类心理研究中非常重要的指标之一,它能够反映被试的心理加工速度。基于任务难度上的差异,分信号类别为"人称"(自我、他、她)与"事件性质"(成功、失败)多种情况加以讨论,在此基础上还考虑了人称与事件性质两类信息的结合,具体反应时数值见表9-2。

当信号类别为"自我"时,事件性质(成功、失败)×被试性别(男、女)两因素方差分析结果表明,事件性质的主效应显著,$F(1,10) = 8.089, p = 0.017 < 0.05$,被试性别的主效应不显著,

表 9-2 不同反应条件下的反应时　　（单位：毫秒）

目标类别		性　别	Mean	SD
自我	成功	男(n=5)	549.076 6	84.248 2
		女(n=7)	549.076 6	58.198 1
	失败	男(n=5)	570.233 0	102.615 8
		女(n=7)	604.234 4	75.834 7
他	成功	男(n=5)	545.685 5	72.100 9
		女(n=7)	548.487 7	21.225 0
	失败	男(n=5)	568.141 8	74.829 8
		女(n=7)	568.738 8	41.340 9
她	成功	男(n=5)	568.985 0	77.558 8
		女(n=7)	564.568 1	40.854 0
	失败	男(n=5)	590.851 6	69.813 3
		女(n=7)	528.883 8	33.707 7
成功	自我	男(n=5)	590.592 9	70.583 9
		女(n=7)	610.887 6	58.261 8
	他	男(n=5)	611.517 0	76.878 2
		女(n=7)	614.789 8	62.565 4
	她	男(n=5)	605.500 8	66.438 5
		女(n=7)	619.115 2	57.124 7
失败	自我	男(n=5)	588.909 3	101.959 7
		女(n=7)	603.816 7	48.078 2
	他	男(n=5)	581.315 3	76.368 9
		女(n=7)	611.264 3	50.038 3
	她	男(n=5)	584.951 4	78.123 3
		女(n=7)	605.096 3	47.674 2

$F(1,10)=0.529, p=0.484>0.05$，事件性质×被试性别的交互作用不显著，$F(1,10)=0.010, p=0.923>0.05$（见图 9-3）。

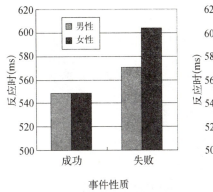

图9-3 信号类别为"自我"的反应时指标

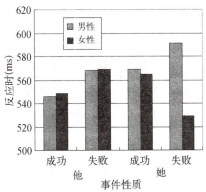

图9-4 信号类别为"他人"的反应时指标

当信号类别为"他人"时,事件性质(成功、失败)×人称(他、她)×被试性别(男、女)三因素方差分析结果表明,事件性质的主效应极其显著,$F(1,10)=10.640$,$p=0.009<0.01$,人称的主效应接近显著水平,$F(1,10)=4.256$,$p=0.066>0.05$,被试性别的主效应不显著,$F(1,10)=0.006$,$p=0.940>0.05$,各因素之间的交互作用均不显著(见图9-4)。

当信号类别为事件性质时,信号类别(成功、失败)×人称(自我、他、她)×被试性别(男、女)三因素方差分析结果表明,所有的主效应及交互作用均不显著(见图9-5)。

三、ERP 数据结果

将信号类别为自我、他人、成功、失败四个组块中刺激句子呈现过程中的 EEG 结果进行分类叠加,实验任务诱发出 P1(50 ms~100 ms)、N1(80 ms~150 ms)、P2(130 ms~220 ms)、N2

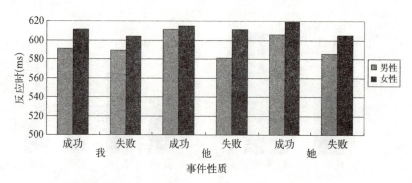

图 9-5 信号类别为"事件性质"时的反应时指标

(260 ms~320 ms)、P3(450 ms~520 ms)及晚期正成分(LPC),选取 Fz、Cz 和 Pz 三点,采用峰振幅与峰潜伏期测量法进行分析测量。

采用三因素方差分析方法对各成分的振幅和潜伏期分别进行统计分析,其中一个因素为电极位置,有 Fz 点、Cz 点和 Pz 点三个水平,一个因素为被试性别,有男和女两个水平,另有一个因素可能是人称或事件性质(因研究比较需要而异),采用 Greenhouse-Geisser 法矫正 p 值。对 P1、N1、P2 的潜伏期和振幅进行统计分析发现,所有主效应和交互作用均不显著,因而在之后的分析中只针对 N2 和 P3 两个 ERP 成分。

(一) 信号类别为"自我"时的 ERP 差异比较

在信号类别为"自我"的实验组块中,要求被试对人称是"我"的句子按键反应,将呈现自我成功句子和自我失败句子过程中的 EEG 结果分别叠加,得到两条 ERPs 曲线(见图 9-6)。

第九章 成败内隐自尊的 ERP 研究

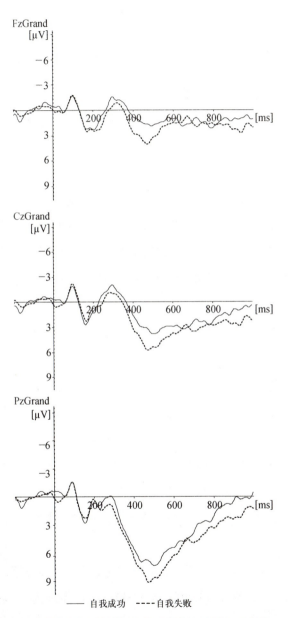

图 9-6 信号类别为"自我"时成败句诱发的 ERP 总平均图(n=12)

方差分析结果发现，N2 的潜伏期上，只有电极位置的主效应极其显著，$F(2,20)=8.851$，$p=0.004<0.01$，表现为 Pz 点的潜伏期最短，Cz 点其次，Fz 点最长。

N2 的振幅上，也只有电极位置的主效应极其显著，$F(2,20)=8.764$，$p=0.002<0.01$，表现为 Pz 点的振幅最大，Cz 点和 Fz 点较小。

P3 的潜伏期上，事件性质的主效应显著，$F(1,10)=8.305$，$p=0.016<0.05$，表现为自我失败句的 P3 潜伏期要短于自我成功句的 P3 潜伏期；事件性质×被试性别的交互作用显著，$F(1,10)=5.187$，$p=0.046<0.05$，表现为男性被试在自我成败语句上的 P3 潜伏期大致相同，而女性被试对自我失败句的 P3 潜伏期要短于自我成功句的 P3 潜伏期。

P3 的振幅上，事件性质的主效应显著，$F(1,10)=5.717$，$p=0.038<0.05$，表现为自我失败句的 P3 振幅要大于自我成功句的 P3 振幅；电极位置的主效应极其显著，$F(2,20)=28.565$，$p=0.000<0.01$，表现为 Pz 点的振幅最大，Cz 点其次，Fz 点最小。

（二）信号类别为"成功"时的 ERP 差异比较

在信号类别为"成功"的实验组块中，要求被试对事件性质是"成功"的句子按键反应，将呈现自我成功、他成功、她成功三种句子过程中的 EEG 结果分别叠加，得到三条 ERPs 曲线（见图9-7）。

方差分析结果发现，N2 的潜伏期上，只有电极位置的主效应极其显著，$F(2,20)=14.806$，$p=0.000<0.01$，表现为 Pz 点的潜伏期最短，Cz 点其次，Fz 点最长。

第九章 成败内隐自尊的 ERP 研究

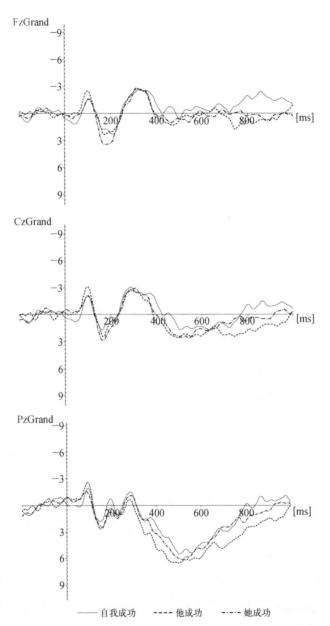

图 9-7 信号类别为"成功"时自我、他、她成功句诱发的 ERP 总平均图(n=12)

N2 的振幅上,也只有电极位置的主效应极其显著, $F(2,20)= 11.391, p=0.003<0.01$,表现为 Pz 点的振幅最大,Cz 点和 Fz 点较小。

P3 的潜伏期上,人称、电极位置和被试性别的主效应及各种交互作用均不显著。

P3 的振幅上,电极位置的主效应极其显著, $F(2,20)= 28.991, p=0.000<0.01$,表现为 Pz 点的振幅最大,Cz 点其次,Fz 点最小。

(三)信号类别为"失败"时的 ERP 差异比较

在信号类别为"失败"的实验组块中,要求被试对事件性质是"失败"的句子按键反应,将呈现自我失败、他失败、她失败三种句子过程中的 EEG 结果分别叠加,得到三条 ERPs 曲线(见图 9-8)。

方差分析结果发现,N2 的潜伏期上,只有电极位置的主效应极其显著, $F(2,20)= 16.580, p=0.001<0.01$,表现为 Pz 点的潜伏期最短,Cz 点其次,Fz 点最长。

N2 的振幅上,也只有电极位置的主效应极其显著, $F(2,20)= 19.600, p=0.000<0.01$,表现为 Pz 点的振幅最大,Cz 点和 Fz 点较小。

P3 的潜伏期上,被试性别的主效应显著, $F(1,10)= 6.732, p=0.027<0.05$,表现为女性被试的 P3 潜伏期显著长于男性被试的 P3 潜伏期。

P3 的振幅上,电极位置的主效应极其显著, $F(2,20)= 28.603, p=0.000<0.01$,表现为 Pz 点的振幅最大,Cz 点其次,Fz 点最小。

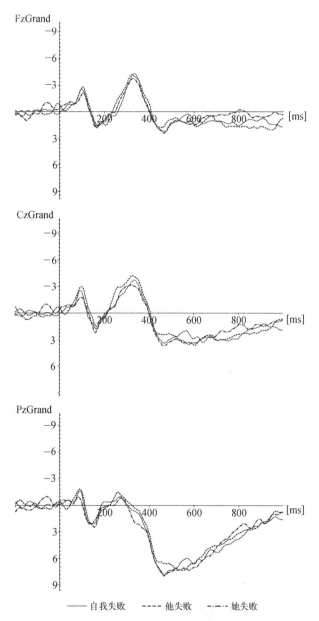

图 9-8 信号类别为"失败"时自我、他、她失败句
诱发的 ERP 总平均图（n=12）

（四）信号类别为"成功"和"失败"条件下自我句的ERP差异比较

自尊是本研究的主要对象,因而特别考察了在信号类别为"成功"和"失败"两种情况下,被试对自我句按键反应过程中的ERP图形,将两种条件下自我句呈现过程中的EEG结果分别叠加,得到两条ERPs曲线(见图9-9)。

方差分析结果发现,N2的潜伏期上,信号类别的主效应显著,$F(1,10)=8.890, p=0.018<0.05$,表现为自我成功句的N2潜伏期短于自我失败句的N2潜伏期;电极位置的主效应极其显著,$F(2,20)=9.909, p=0.004<0.01$,表现为Pz点的潜伏期最短,Cz点其次,Fz点最长。

N2的振幅上,只有电极位置的主效应极其显著,$F(2,20)=13.699, p=0.001<0.01$,表现为Pz点的振幅最大,Cz点和Fz点较小。

P3的潜伏期上,信号类别的主效应极其显著,$F(1,10)=29.187, p=0.001<0.01$,表现为自我成功句的P3潜伏期长于自我失败句的P3潜伏期;信号类别×被试性别的交互作用极其显著,$F(1,10)=50.146, p=0.000<0.01$,表现为男性被试对自我失败句的P3潜伏期要短于自我成功句的P3潜伏期,而女性被试在成败情况下对自我句的P3潜伏期大致相同。

P3的振幅上,电极位置的主效应极其显著,$F(2,20)=26.966, p=0.000<0.01$,表现为Pz点的振幅最大,Cz点其次,Fz点最小。

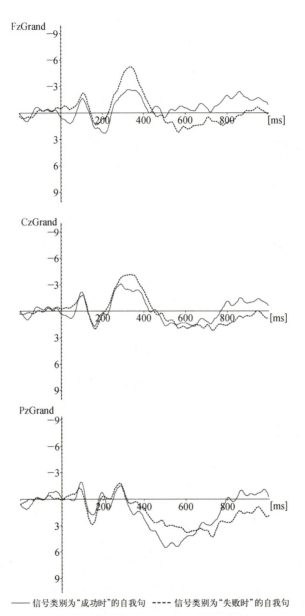

图 9-9 信号类别为"成功"和"失败"条件下
自我句的 ERP 总平均图（n=12）

第四节 讨论：自我与他人成败事件的内隐偏向

一、对感受性指标(d')和反应时指标的分析

本实验中的感受性指标(d')体现的是被试将描述特定信号类别(如自我)的句子从全部刺激句中辨别出来的能力,如果在被试的认知框架中"自我"概念的位置越突出,被试越容易提取到"自我"相关信息,被试就越容易从"他人"中分辨出"自我",即信号类别为"自我"情况下的 d' 值越大。实验结果证实,信号类别为"自我"的 d' 值与信号类别为"他人"的 d' 值存在极其显著差异,可见"自我"在被试的认知构架中确实与"他人"不同,加之被试性别的主效应不显著,说明不管是男性还是女性,其"自我"都处于特殊位置。自我相关神经机制的研究指出,"自我相关信息和自我知识的加工被认为是不同于其他'客观'信息加工的"(Kircher, Senior, Phillips, et al., 2000),甚至被认为是有别于对他人及其心理状态相关信息的加工,Vogeley 等人(2001)指出,"心理理论和自我至少部分涉及单独的神经机制"。

在其他条件保持一致的情况下,"成功"和"失败"在被试认知框架中的地位旗鼓相当,表现在以事件性质为信号类别时的感受性指标 d' 值上,信号类别、被试性别的主效应及两者的交互作用均不显著。信号类别为事件性质时的反应时数据也支持了这一结果。

外显行为数据中最有趣的要数信号类别为"自我"和"他人"

情况下对不同事件性质句子的反应时了。在被试以人称为信号类别按键反应的过程中，没有要求被试区分成功事件与失败事件，极短的反应时限也让被试几乎不可能顾及刺激句的事件性质，那么被试对不同事件性质刺激句的反应时是否会存在差异呢？这是本研究的实验设计意图之一。从方差分析结果得知，自我成功事件的反应时显著短于自我失败事件的反应时，与利用 GNAT 范式时内隐自尊的 ERP 研究（详见本书第八章）的结果一致，该研究中自我—积极条件的反应时显著短于自我—消极条件的反应时，可见被试在无意注意的情况下，表现出对自我成功事件的内隐偏好，而且这种内隐偏好不存在性别差异，符合自我肯定动机和自我提升动机中"个体偏向于自我感觉良好、自我胜任感强的信息"的提法。此外，从方差分析中也可以看出他人成功事件的反应时要显著短于他人失败事件的反应时，与上述 GNAT 研究的结果不一致，GNAT 研究中他人—积极与他人—消极条件的反应时之间不存在显著差异，这可能是两个研究任务难度不同，所占注意资源差异所致。上述 GNAT 只要求被试判断词语并做出决策，而本研究中被试需要从句子中检索出需要的信息再判断决策，虽然以"他人"为信号类别还无须清楚理解句子含义，但是可能在更加内隐的层面上事件性质正在发挥作用，对反应时产生影响。研究者推测，个体内心深处存在着对积极信息的偏好和对消极信息的排斥。发展性研究表明，个体自童年期起就有一种对积极反馈的明显偏好(Swan & Schroeder, 1995)，虽然这种偏好更多出现在自我评价上，但是不排除在一定条件下偏好泛化的可能性，以一种不自觉的、自动化的、内隐的方式表现在对他人的积极反馈上。已有的脑成像研究揭示,扣带前回既与自我的表征又与他人的表征有密切联系(Frith & Frith, 2003)。Decety 等人(2003)基于他们社会认知神经科学的研究甚至提出了一个自我与他人共享的神经网络。这些研究暗示社会认知和自我相关思维可能依赖于同一认知过程,可以聚焦到一种观念,那就是理解自我是理解他人的一个必备成分。

二、对 ERP 数据的分析

本研究中 ERP 早期成分 P1、N1、P2 的潜伏期和振幅上,电极位置、被试性别、人称(或事件性质)三个因素的主效应和交互作用均不显著,其原因可能与上述 GNAT 研究相同,即因为 ERP 的早期阶段主要涉及视觉加工的早期阶段,属于较低认知功能水平,不同信号类别条件下的视觉加工时间进程及加工程度基本一致。而不同信号类别条件下对刺激句子语义的理解属于高级认知水平,可能发生的时间较晚,引发的是内源性成分之间的差异,与人们的知觉或认知心理活动有关,与人们的注意、记忆、智能等加工过程密切相关,不受刺激物理特征的影响。

各种实验条件下的 N2 潜伏期和振幅上都表现出显著的电极位置效应,即 Pz 点的潜伏期最短,Cz 点其次,Fz 点最长,而 Pz 点的振幅最大,Cz 点和 Fz 点较小,可以推测 N2 波最早出现在 Pz 点,然后扩散到 Cz 点,最后到达 Fz 点。P3 的振幅上也表现出 Pz 点振幅最大,Cz 点其次,Fz 点最小。尽管对于大多数成分的脑内源尚无定论,但可以预测这种电极位置效应与这些成分的脑内源有关。

信号类别为"自我"时的 ERP 数据中,研究者发现 P3 的潜伏期和振幅都表现出显著的事件性质主效应,即自我失败句的 P3 潜伏期要短于自我成功句的 P3 潜伏期,且自我失败句的 P3 振幅要大于自我成功句的 P3 振幅,与前人研究结果相符。以往研究表明,P300 的潜伏期并不能反映个体的反应选择速度(Polich & Kok,1995;Kok,2000),P300 潜伏期与个体反应时间并不冲突。Ito,Larsen,Smith 与 Cacioppo(1998)研究发现,即使是在同等的评价强度和唤醒水平上,消极刺激与积极刺激相比,在评价性归类时会引发较大的晚期正成分波幅。Bernat 等人(2001)的研究表明,在顶区不愉快的单词比愉快的单词诱发了更正向的成分 P300。An,S. J. Lee 与 G. H. Lee 等人(2003)发现,在正常被试中负性刺激能比正性刺激诱发更大的 P3 振幅,提示负性情绪面孔能调动更多的神经结构参与情绪信息的加工。Ito 与 Cacioppo(2000)还证明内隐消极偏差的存在,即无论消极刺激与周围环境一致或不一致,消极刺激都会在内隐水平上比积极刺激受到更多的加工,提示这种消极偏差能够在自动化水平上操作。Donchin(1981)的背景更新理论模型则认为,人脑会根据信息对主体所从事任务的意义来整合原有表征,修正现有背景以调整应付未来的策略,P300 的波幅反映了背景修正的量,背景修正越大,则 P300 的波幅亦越大。我国与美国学者都发现,刺激物与被试的利害关系及被试的情绪都在 P300 上有所反映,而且 P300 的这些变化是被试无法控制的。在本研究中,尽管被试无须分辨事件性质,还是在 P3 的潜伏期和振幅上表现出自我失败事件的影响,这种影响完全是内隐的、自动化的,反映出被试对自我失败事件的无意识关注。

P3 潜伏期上的另一现象就是,男性被试在自我成败语句上的 P3 潜伏期大致相同,而女性被试对自我失败句的 P3 潜伏期要短于自我成功句的 P3 潜伏期,女性被试比男性更容易感知到自我失败事件的影响,与反应时上女性被试自我成败事件反应时存在显著差异($p = 0.05$),而男性被试自我成败事件反应时不存在显著差异($p = 0.174$)相符。可能是女性身上男尊女卑思想根深蒂固的缘故,女性总认为自己不如男性优秀,不容易获得成功,容易遭受失败,所以往往自觉或不自觉地接近关于自我的负面信息。

对于信号类别为"成功"的情况,被试性别、人称的主效应和交互作用均不显著,说明男女被试对待成功事件上的"一视同仁"。之前的研究也表明,从总体上说,自尊对人们应对积极反馈的方式影响很小(Brown & Dutton, 1995; Campbell, 1990; Zuckerman, 1979),几乎每个人都希望获得成功,实现后也会感觉良好,不会出现大的问题。而当信号类别为"失败"时,女性被试的 P3 潜伏期显著长于男性被试的 P3 潜伏期,再次验证了男女对待成败事件的态度差异。

在信号类别为"成功"和"失败"两种不同情况下,去比较自我成败句子之间的差异,也是有价值的,因为此时"自我"是被试需要忽略的信息,也是一种无意识的体现。从结果中可以看到,自我成功句的 N2 潜伏期短于自我失败句的 N2 潜伏期,前人研究发现 N2b 只在注意条件下出现,需要注意资源的参与(魏景汉,罗跃嘉,2002),"N2b 潜伏期与靶刺激的识别难度成反比"。自我成败句的 N2 潜伏期差异反映的是两者注意资源分配上的不同,识别成功句的难度要大于失败句,与威胁事件在知觉识别中的优先地位有关。自我成功句的 P3 潜伏期又长于自我失败句的 P3 潜伏期,与信号类别为"自我"的情况一致。男性被试对自我失败句的 P3 潜伏期要短于自我成功句的 P3 潜伏期,而女性被试在成败情况下对自我句的 P3 潜伏期大致相同,说明男女关注点的不同,男性关注的是成败事件整体,而女性更关注的是自我的成败事件。

本研究中发现的这种对失败事件的内隐偏向,完全属于内隐的无意识水平上,说明这类刺激自动吸引了较多的加工资源。Cacioppo 与 Berntson(1994)指出,消极偏向是通过确保对最近的消极线索做出恰当强度反应以满足适应目的,对同等激活水平评价性输入中的消极评价系统比积极评价系统给予更强反应的倾向。假设只有相关的环境线索能够通过让机体避免伤害来提高消极偏向的适应性效用,即使人们在表面上对相关环境线索并不敏感(Pratto & John, 1991)。Ito, Larsen, Smith 和 Cacioppo(1998)研究发现,消极信息比同等强度的积极信息对评价的影响更大。即使是在同等的评价强度和唤醒水平上,积极刺激(消极刺激)与中性刺激相比,在评价性归类时会引发较大的晚期正成分波幅;消极刺激与积极刺激相比,在评价性归类时会引发较大的晚期正成分波幅。

第五节 结 论

综上所述,可以得出以下五点结论:

（1）信号类别为"自我"时的 d' 值显著大于信号类别为"他人"时的 d' 值；信号类别为"成功"时的 d' 值与信号类别为"失败"时的 d' 值无显著性差异。

（2）信号类别为"自我"时，自我成功事件的反应时显著短于自我失败事件的反应时；信号类别为"他人"时，他人成功事件的反应时要显著短于他人失败事件的反应时。

（3）信号类别为"自我"时的 ERP 数据中，P3 的潜伏期和振幅都表现出显著的事件性质主效应，即自我失败句的 P3 潜伏期要短于自我成功句的 P3 潜伏期，且自我失败句的 P3 振幅要大于自我成功句的 P3 振幅。

（4）信号类别为"成功"时，ERP 波形不受被试性别、人称等因素的影响；信号类别为"失败"时，女性被试的 P3 潜伏期显著长于男性被试的 P3 潜伏期。

（5）在信号类别为"成功"和"失败"两种不同情况下，自我成功句的 N2 潜伏期短于自我失败句的 N2 潜伏期，自我成功句的 P3 潜伏期又长于自我失败句的 P3 潜伏期。

第十章
内隐自尊解释偏差(EB)研究 I

第一节 前言：自我肯定倾向与解释偏差

一、判断中的自我肯定倾向

Greenwald 与 Banaji(1995)对既往大量支持内隐自尊效应的研究进行了总结和梳理,将其概括为三大类,即实验性内隐自尊效应、原生内隐自尊效应和次级内隐自尊效应。其中,次级内隐自尊效应是指个体作出的判断通常与个体的自尊密切相连且具有推理性,但个体本身对此并没有明确的意识,因而被认为是自尊的内隐表现。这些判断在本质上具有自尊一致性,具有维护和促进自尊的功能。

个体获得和保持积极自我观念的心理过程之一就是以不平衡的方式处理与自我有关

的积极和消极信息(Taylor，1991)。具体表现在：大多数人① 未加考虑地接受与自我有关的积极反馈,却仔细地审查和反驳与自我相关的消极反馈(Ditto & Lopez，1992；Kunda，1990)；② 比起与自我有关的消极信息来,更容易记住积极信息(Kuiper & Derry，1982)；③ 以有利于表明他们拥有好特质的方式回忆过去(Klein & Kunda，1993)；④ 以使他们坚信自己拥有积极特质,没有消极特质的方式来反省自己(Sedikides，1993)。

判断中的自我肯定倾向是次级内隐自尊效应中的一种,是指人们在对事物的结果进行归因时的一种偏向,即人们倾向于对与预期一致的结果从自身内部找原因,将成功归结为自身的能力或努力,归因于自己,而对不理想的结果则从外部寻找原因,有时甚至会重构自己的判断或修正记忆内容以维持积极的自我形象。Greenwald(1980)认为这种现象是自我认知偏向的一种表现,这种积极的自我肯定认知偏向具有某种适应性功能,能够保护自我作为知识结构的完整性。由于该效应不仅内隐地体现了自尊,而且还能促进自尊,因而属于次级内隐自尊效应。Taylor 与 Brown(1988)回顾了自我积极错觉的证据,再次阐明了这些偏向的适应性功能。Beck(1979)、Scheier 和 Carver(1992)以及 Seligman(1991)在对抑郁症患者认知过程进行分析的基础上,也证实了积极的自我判断在健康(非抑郁)人群中的重要性和适应性。判断中的自我肯定倾向与刻板印象和偏见有特殊关联。Crosby(1984)发现,即使将劣势群体的其他成员作为辨别的对象,劣势群体成员还是不容易觉得自己受害了。这种现象与公平世界错觉(just-world illusions)有联系,已经在美国的多种实例(Crosby,

Pufall, Snyder, O'Connell & Whalen, 1989)、魁北克的说法语者(Guimond & Dube-Simard, 1983)和加拿大的海地和印度移民(Taylor, Wright, Moghaddam, & Lalonde, 1990)身上得到了证明。

判断中的自我肯定倾向使个体做出维护内隐自尊的行为，只是个体自身无法觉察出该行为是为了满足维护内隐自我评价的正向需要。

二、自我服务归因与解释偏差

判断中的自我肯定倾向，与归因理论中的自我服务归因偏向(self-serving bias)有着内在的一致性。自我服务偏向是指人们有一种居功自赏而避免对失败负责的倾向，具体到归因问题上，即：人们倾向于把积极的行为结果(成功)归因于个人因素，而把消极的行为结果(失败)归因于环境因素(刘永芳，1998)。有学者认为高自尊的人比低自尊的人在自我服务归因偏向上表现更为强烈，研究结果表明，让被试体验到成功与失败，并要求其对结果加以归因，结果高自尊者比低自尊者更多地将失败归因于外因，从而表现出明显的自我保护倾向(黄仁辉、李洁、李文虎，2005)。自我服务归因中的双重系统模型认为，自我服务归因是两个系统相互作用的结果：一个系统把自我与一定标准进行比较，自我同标准间的差距会导致相应的情绪体验，因而它反映了人们对自我促进的需要；另一个是因果归因系统，反映了人们对准确的自我评估的需要。两个系统间的关系有三种：不相关、冲突或协调。把成功归因于自我是两个系统协调的情况，这时既对事件有一个可能的归因，同时又使自我向标准靠拢。把失败归因于自己则使两个系统之间发生冲突(Duval & Silvia, 2002)。这些研究中所指的自尊是外显自尊,对于内隐自尊与自我服务归因偏向的关系研究未曾出现。

解释偏差(explanatory bias)最早由 Hastie 提出,意指人们在面对与自己的期望值不一致的情境时,会做出更多的解释行为(即归因行为),以使不一致得到合理化(Hastie, 1984)。刻板解释偏差指的是人们在与刻板印象不一致的情境中所表现出的解释偏差(Sekaquaptewa, Espinaza & Thompson, et al., 2003)。Devine(1989)认为,只要一遇到刻板印象,群体成员就会自动激活相应的刻板化加工。SEB 是刻板印象对人的信息加工过程内隐地发生作用、施加影响的结果,人们往往意识不到自己所表现出来的更多归因行为,也意识不到自己为何会有更多归因行为,因此 SEB 十分适合于测量内隐刻板印象,成为内隐社会认知研究中值得注意的一种新的测量方法。SEB 方法由俞海运(2005)首次介绍到国内,并将其用于研究内隐性别刻板印象,胡志海(2005)研究大学生内隐职业性别刻板印象时也使用了 SEB 方法。使用 EB 或 SEB 方法进行研究的还有马芳(2006)、杨宇然(2006)、邹庆宇(2006)等。此外,有关归因的研究(Kulik, 1983)已经发现,当一个人的行为与该人行为的预期不相符合时,归因者倾向于作出环境归因,而不是个人归因,因而也可以根据理由的性质(如,内归因/外归因、个人归因/环境归因,等等)对被试的解释进行分类,其结果也可以作为检测 SEB 的证据。

与内隐刻板印象一样,内隐自尊也是对社会知觉对象的一种内隐态度,唯一不同的只是这种内隐态度所指向的对象是知觉者自身,而不是外部的某个社会群体。而且内隐自尊作为个体对自我的一种内隐态度,与内隐自我概念的关系相当密切,它们两者是内隐态度和内隐刻板印象的基础。内隐自尊越强,内隐自我概念越牢固,内隐态度就越积极。

　　SEB 作为反映内隐态度的指标,那么 EB 方法是否可以用以反映内隐自尊呢?从前面的论述中可以发现,自我服务归因偏向也是一种对自我行为的解释偏差。无论个体自身是否意识到他对自我存在着某种态度(即自尊),自尊都会对人的信息加工过程内隐地发生作用、施加影响,人们往往意识不到自己对不同行为归因数量上的差异,也意识不到自己对不同行为归因性质上的差异,更无法意识到自己为何会有这样的归因表现。因此,本研究尝试将 SEB 方法加以修改,用于研究内隐自尊的次级效应——判断中的自我肯定倾向,检验人们对自我成败事件及他人成败事件归因上的差异。如果人们对自我成功事件的解释数量少于对自我失败事件的解释数量,或者对自我成功事件作出内归因,而对自我失败事件作出外归因,则符合"解释偏差"和"自我服务归因偏向",体现了内隐自尊在判断中的自我肯定倾向;反之,如果人们对自我成功事件的解释数量多于对自我失败事件的解释数量,或者对自我成功事件作出外归因,而对自我失败事件作出内归因,则不符合"解释偏差"和"自我服务归因偏向",无法体现内隐自尊在判断中的自我肯定倾向。在实验材料中,与自我参照的是他人成败事件,人们对他人成败事件的归因也可以检验内隐性别刻板印象。此外,本研究还考察了 EB 实验结果与外显自尊测量结果之间的关系,以检验 EB 方法的区分效度。为了考察

GNAT 方法与 EB 实验结果之间的关系,以相互验证各种方法的会聚效度,本研究中的 EB 测验与 ERP 实验配合进行,先后顺序在被试间平衡,所以样本相对较小。

第二节 研究方法:被试、材料、实验程序与数据收集

一、被试

华东师范大学本科生和研究生共 14 人,其中男生 7 名、女生 7 名,年龄在 22—26 岁之间,身体健康,视力或矫正视力正常,其中两名被试因脑电记录中的伪迹太多,数据被剔除,因此得有效被试 12 人(5 男 7 女)。

二、材料

(一)自我—他人成败 EB 问卷

自我—他人成败 EB 问卷由 36 个原因填空句子构成,但它们均只有说明事件结果的前半句,而要求被试根据自己的想法填写后半句,即对前半句所描述事件的结果进行归因。问卷一共包括 36 个句子,12 句是行为表现为成功的句子,12 句是行为表现为失败的句子,还有 12 句是中性项目(即行为表现无成败之分,与成败无关)。每组的 12 个句子中都设定了相关的人名,其中以"自我"为人称的句子 6 句,典型男性姓名的句子 3 句,典型女性姓名的句子 3 句。句子涉及学习、竞赛、考试、工

作等内容,如"宝洁集团采纳了我设计的广告方案""刘伟期末考试总分全年级最后一名""许蓓蓓在博客上添加新日志"等。被试在完成填空时,可以填任何他想填的理由,只要保证语句通顺就可以了。

(二) Rosenberg 自尊量表(the self-esteem scale, SES)

本研究使用 Rosenberg 自尊量表(SES)来测量被试的外显自尊,该量表是目前应用最为广泛的总体自尊测量工具,大量研究表明其具有良好的信效度。信度方面,Dobson 等(1979)和 Fleming 等(1984)报告其 Cronbach's α 系数分别为 0.77 和 0.88,Fleming(1984)报告其对 259 名被试一周后的重测信度为 0.82。田录梅(2006)统计国内 48 篇使用 SES 的论文,其内部一致性信度和分半信度都在 0.70 以上。效度方面,该量表具有较高的聚合效度和区分效度。张文新(1997)发现 SES 与 Coopersmith 自尊调查表的相关非常显著,田录梅(2006)指出其与教师评定的效标效度为 0.802。

SES 量表共有 10 道题目,要求被试直接报告这些描述是否符合自己,在"非常符合""符合""不符合""非常不符合"四个等级上评价自己。其中正向题和反向题各半,量表总分为 10—40 分,分数越高表明自尊水平越高。但是最近有研究者指出,由于文化差异的存在,中国被试对其项目 8("我希望我能为自己赢得更多尊重。")的理解与西方被试不同,从而使该量表在国内的使用受到一定影响和限制,建议将第 8 题去掉或作为正向题记分。笔者对此观点表示赞同,因而在使用时将第 8 题正向记分,避免对研究结果和结论的影响(田录梅,2006)。

三、实验程序

一半被试在句子 GNAT 实验之前先完成 EB 问卷,另一半被试先完成 EB 问卷再进行句子 GNAT 实验。被试在拿到 EB 相关问卷后,按要求完成填空,可以填入任何想到的理由,只要保证语句和逻辑通顺即可。被试在每题上都不用花过多时间考虑,写下想到的所有理由,可以填入不止一个理由。

在实验结束之后的一段时间内,请被试完成 Rosenberg 自尊量表。

四、数据的收集与分析

对上述收集的数据使用 SPSS11.0 软件包进行统计处理。

第三节 结果:EB 分值、影响因素、与内隐和外显自尊的相关检验

一、EB 分值

在计算 EB 分数前,由两位主试充当裁判,分别对每份问卷上 EB 项目后半句中被试所填的理由进行分类编码,判断填写的内容是关于前半句行为的解释,还是对前半句意思的简单重复。对两位裁判的编码结果进行相关分析,发现两者之间具有显著高相关($r=0.91$),确保被试所提供理由的归因价值,将两位裁判的编码结果加以平均,作为下一步计算的根据。

在被试的每一份 EB 问卷上,都可以计算出六类解释的总

数量：① 人称为"我"，且行为符合"我比他人优秀"的句子解释总数，记为 SCH；② 人称为"我"，且行为不符合"我比他人优秀"的句子解释总数，记为 SSH；③ 人称为男性姓名，且行为符合"男性比女性优秀"的句子解释总数，记为 HCH；④ 人称为男性姓名，且行为不符合"男性比女性优秀"的句子解释总数，记为 HSH；⑤ 人称为女性姓名，且行为符合"女性不如男性优秀"的句子解释总数，记为 SHSH；⑥ 人称为女性姓名，且行为不符合"女性不如男性优秀"的句子解释总数，记为 SHCH。这样，每个被试就有三个 EB 分值，即 EB1 = SSH － SCH、EB2 = HSH － HCH、EB3 = SHCH － SHSH。对 EB 的分值进行统计，如果它与 0 存在显著差异，则说明被试对活动者的不同行为结果进行归因时，受到活动者人称的显著影响；如果 EB 分值与 0 不存在显著差异，则说明被试对活动者的行为结果归因没有受到刻板印象的影响。

实验中所获得的 EB 分值描述性统计数据及 EB 分值与 0 差异显著性的 T 检验结果如表 10－1 所示。

表 10－1　被试总体的 EB 分值情况及差异检验（n=12）

项目	Mean（均值）	SD（标准差）	T 值	p 值
EB1（SSH-SCH）	0.541 7	0.401 3	4.676	0.001**
EB2（HSH-HCH）	0.277 8	0.509 2	1.890	0.085
EB3（SHCH-SHSH）	0.138 9	0.481 1	1.000	0.339

注：*表示差异显著性水平 $p<0.05$，**表示差异显著性水平 $p<0.01$。

从表中可以看出，只有 EB1 的分值与 0 存在极其显著差异，

EB2 和 EB3 的分值与 0 不存在显著差异。

二、EB 分值的影响因素

对 EB 问卷中六类解释的总数量进行事件性质(成功、失败)×人称(我、男性姓名、女性姓名)×被试性别(男、女)的三因素方差分析结果表明:

(1) 事件性质的主效应显著,$F(1,10) = 7.460, p = 0.021 < 0.05$,表现为对成功事件的解释总数量少于对失败事件的解释总数量;

(2) 人称与事件性质的交互作用显著,$F(2,20) = 5.859, p = 0.022 < 0.05$,对成功事件的解释总数量与对失败事件的解释总数量之间的差异主要表现在自我上,即对自我成功事件的解释总数量少于对自我失败事件的解释总数量,如图 10-1 所示;

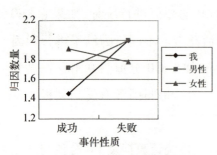

图 10-1 对不同人称的不同事件性质的归因数量

(3) 被试性别因素的主效应及其他交互作用均不显著,说明这种归因数量差异倾向在性别上没有差异。

三、细分内一外归因时的 EB 测量结果

具体分析被试在 EB 问卷中对项目所作归因的性质,能够提供更多的信息,用于对"自我服务归因偏向"及"基本归因偏向"

等的检验,而如果在研究中发现被试在归因不同性别活动者的成败时存在内—外归因差异,也可以在一定程度上反映被试所抱有的内隐性别刻板印象。分别计算被试对各类解释的外归因和内归因数量,可以得到 12 个指标,它们是:SCH‑E、SCH‑I、SSH‑E、SSH‑I、HCH‑E、HCH‑I、HSH‑E、HSH‑I、SHCH‑E、SHCH‑I、SHSH‑E 和 SHSH‑I。然后将每类项目的外归因数量减去内归因数量,就得到 EB4。EB4 在不同项目类型中的均值和标准差见表 10‑2。

表 10‑2　EB4 的均值及标准差(n=12)

人称	事件性质	EB4 均值	EB4 标准差
我	成功	−1.069 4	0.365 6
	失败	0.200 0	0.671 5
他	成功	−0.833 3	0.522 2
	失败	−0.222 2	0.519 0
她	成功	−0.750 0	0.683 5
	失败	−0.722 2	0.648 8

归因性质(内、外)×事件性质(成功、失败)×人称(我、男性姓名、女性姓名)×被试性别(男、女)的四因素方差分析结果表明,除了 3.2 中已知的显著主效应及交互作用以外:

(1) 归因性质的主效应极其显著,$F(1,10) = 55.561$,$p = 0.000 < 0.01$,表现为内归因数量极其显著多于外归因数量;

(2) 归因性质×事件性质的交互作用极其显著,$F(1,10) = 35.786$,$p = 0.000 < 0.01$,表现为被试极其显著地更倾向于将成功事件归因于内部因素,而对于失败事件的内、外归因数量差异远

没有对于成功事件时大;

(3) 归因性质×人称×事件性质的交互作用极其显著, $F(2,20) = 8.525, p = 0.003 < 0.01$, 表现为成功事件上, 对于各个人称都表现出内归因倾向($p = 0.000, 0.000$ 和 0.003), 而在失败事件上各个人称的归因方式不同, 只有女性人称上存在内归因偏向($p = 0.003$), 如图 10-2 所示。

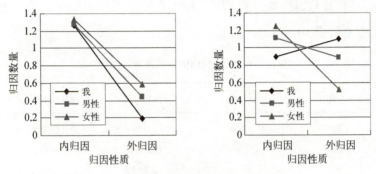

图 10-2 不同事件性质下的内外归因数量(左:成功事件;右:失败事件)

四、外显自尊测量结果

被试总体的 SES 总分均值为 24.833 3, 标准差为 2.367 7, 男性被试与女性被试的外显自尊分数不存在性别差异, $F(1,10) = 0.467, p = 0.510 > 0.05$。

五、EB 测量结果与外显自尊测量结果之间的相关检验

将 EB1、EB2、EB3 分值与外显测量结果进行相关检验(使用 Pearson 相关系数)后发现, 各 EB 分值与 SES 之间不存在显著相关, EB1 与 EB2 之间存在显著相关, 见表 10-3。

表 10-3　EB 测量结果与外显测量(SES)之间的相关检验

	EB1 (SSH-SCH)	EB2 (HSH-HCH)	EB3 (SHCH-SHSH)	SES
EB1(SSH-SCH)	1.000			
EB2(HSH-HCH)	0.615*	1.000		
EB3(SHCH-SHSH)	0.302	0.282	1.000	
SES	-0.136	0.142	-0.058	1.000

注：*表示差异显著性水平 $p<0.05$，**表示差异显著性水平 $p<0.01$。

六、EB 测验结果与 GNAT 实验结果之间的相关检验

在 GNAT 实验中，将信号类别为"自我"条件下自我成功句与自我失败句的反应时之差作为内隐自尊的指标，将信号类别为"他人"条件下他成功句与他失败句的反应时之差作为内隐男性态度的指标，将信号类别为"他人"条件下她成功句与她失败句的反应时之差作为内隐女性态度的指标，检验 EB1、EB2、EB3 分值与 GNAT 各指标之间的相关。结果如表 10-4 所示，除了 EB1 与内隐女性态度指标之间存在极其显著的相关之外，其他各项指标之间的相关不显著。

表 10-4　EB 测量结果与 GNAT 结果之间的相关检验

	EB1	EB2	EB3	内隐 自尊	内隐 男性	内隐 女性
EB1(=SSH-SCH)	1.000					
EB2(=HSH-HCH)	0.615*	1.000				
EB3(=SHCH-SHSH)	0.302	0.282	1.000			
内隐自尊指标	0.013	0.153	-0.207	1.000		
内隐男性态度指标	0.186	0.182	-0.279	0.402	1.000	
内隐女性态度指标	0.730**	0.263	0.304	-0.037	0.222	1.000

注：*表示差异显著性水平 $p<0.05$，**表示差异显著性水平 $p<0.01$。

七、GNAT 实验结果与外显自尊测量结果之间的相关检验

将 GNAT 实验得出的三个指标,即内隐自尊指标、内隐男性态度指标、内隐女性态度指标与外显测量结果进行相关检验(使用 Pearson 相关系数)后发现,各指标与 SES 之间不存在显著相关,见表 10-5。

表 10-5 GNAT 实验结果与外显测量(SES)之间的相关检验

	内隐自尊	内隐男性	内隐女性	SES
内隐自尊指标	1.000			
内隐男性态度指标	0.402	1.000		
内隐女性态度指标	-0.037	0.222	1.000	
SES	-0.128	-0.373	-0.436	1.000

注:*表示差异显著性水平 $p<0.05$,**表示差异显著性水平 $p<0.01$。

第四节 讨论:EB、GNAT 与 SES 测验结果分析

一、关于 EB 分值的结果分析

从表 10-1 中可以看出,只有 EB1 分值与 0 存在极其显著差异,被试对自我成功事件的归因数量要远远少于对自我失败事件的归因数量。根据"人们在面对与自己的期望值不一致的情境时会做出更多解释行为"的解释偏差定义,显示解释偏差的存在,也是内隐自尊效应的体现。这说明在潜意识中,自我总是和积极相联系的,人们期望自己获得成功,认同"我应当获得成功"的观

念。当行为结果是自我成功时,人们认为是理所当然的,所给的解释数量少一些,而当行为结果是自我失败时,对被试来说是预料之外的,所以他需要为自己的失败寻找理由,倾向于给出更多的解释,这也是一种自我保护意识的体现。

EB2 和 EB3 的分值与 0 不存在显著差异,说明被试对他人成功事件和他人失败事件的归因数量大致相同,与俞海运(2005)的实验结果不符。俞海运(2005)的研究结果表明,不管对人称是男性还是女性,被试对失败事件给出的归因数量要比对成功事件给出的归因数量多。这种结果的差异可能是由实验问卷设计的不同引起的。本研究中的人称包括"我"、典型的男性姓名和典型的女性姓名,被试很自然地将其归为"自我"和"他人"两类。虽然在一般情况下人们期望个体表现优良,但是在这种情况下,由于个体的认知结构中,自我图式较他人图式要丰富得多,内隐自尊效应掩盖了对成功的普遍偏好。

二、对 EB 分数影响因素的分析

虽然单从三个 EB 分值上看,只有 EB1 分值与 0 存在极其显著差异,但是方差分析结果表明,从整体上看,人们对成功事件的解释总数量要少于对失败事件的解释总数量,在一定程度上体现了人们对成功的普遍偏好。而被试性别因素的主效应及其他交互作用均不显著,说明解释偏差具有跨性别的普遍性,无论男女,在潜意识中总是希望自己获得成功,为自己的失败找出更多理由。这与内隐自尊的普遍性一致,Aidman 和 Carroll(2003)的研究中指出,男性被试和女性被试对自我—积极概念组合反应比对非我—积极概念组合要快,体现了相当程度的自我肯定。张镇、李幼穗(2005)对不同年龄阶段与不同性别的青少年的内隐自尊加以测量,发现内隐自尊在青少年中普遍存在,不随年龄变化而改变。大量研究表明,自我肯定效应具有普遍性,不因性别和种族而变(Greenwald & Farnham, 2000)。

三、内—外归因数量差异上的发现

对被试在 EB 问卷中各项目的内—外归因数量进行方差分析结果发现,内归因数量极其显著多于外归因数量,这一结论验证了"基本归因偏向(the fundamental attribution bias)",即在对人的行为进行归因时,人们有一种高估内在倾向作用而忽视情境因素作用的一般倾向,即个人归因多于或强于情境归因的偏向(刘永芳,1998)。俞海运(2005)实验发现,被试极其显著地更倾向于把优异表现归因于内在原因,而在归因逊色表现时内、外归因数量差别不大。在中国大学生身上发现的内归因倾向,说明文化交流及社会发展对青少年的影响,多元社会文化下的年轻人更强调自我意识,更希望掌控自己的命运,内归因意味着自己可以控制一些对行为结果有影响的因素,通过自己的努力改变行为的结果。

本研究中,被试极其显著地更倾向于将成功事件归因于内部因素,而对于失败事件的内、外归因数量差异远没有对于成功事件时大,体现了"判断中的自我肯定倾向"。人们在对事物的结果进行归因时的一种偏向,即人们倾向于对与预期一致的结果从自身内部找原因,将成功归结为自身的能力或努力,归因于自己,而对不理想的结果则从外部寻找原因,有时甚至会重构自己的判断或修正记忆内容以维持积极的自我形象。这也与"自我服务偏向"一致,即人们有一种居功自赏而避免对失败负责的倾向,具体到归因问题上,人们倾向于把积极的行为结果(成功)归因于个人因素,而把消极的行为结果(失败)归因于环境因素。

从本研究结果中可以看出,在成功事件上被试对自我和他人的反应相对一致,但是面对失败事件时,被试为自己找了一些外部环境因素作为理由,而对他人则倾向于归因于其个人因素,甚至对女性失败事件的内归因数量显著多于外归因数量,这从一定程度上可以反映出被试的内隐自尊效应,及被试对女性的内隐性别刻板印象,似乎女性本身就没有男性优秀,女性的失败都是自身能力不足造成的。一些归因研究表明,男性总是被知觉为和成功联系在一起,男性比女性对成功具有更高的期望。刘永芳(1997)研究得出这样的结论:人们似乎认为男性无论面对怎样的任务都应该取得成功,而失败者应该是女性。

四、EB 测验、GNAT 方法与 SES 测验结果的实验性分离

EB 测验分数与 SES 测验结果之间的相关检验发现,三个 EB 分数与 SES 得分之间不存在显著相关,即对内隐自尊、内隐他尊与外显自尊测量结果之间出现实验性分离效果。而且 GNAT 方法测量的内隐态度指标与 SES 得分之间也不存在显著相关,证明了 EB 方法和 GNAT 方法所测得的结果确实与外显自尊所测得的结果之间有着本质上的不同,从一个侧面体现了使用 EB 方法和 GNAT 方法测量内隐自尊的区分效度。

EB1 分数与 EB2 分数之间的显著性相关说明被试对自我的内隐态度和对男性的内隐态度之间有着一定的联系,可能是因为在潜意识里男性属于社会优势群体,觉得男性比女性优秀,体现了被试对这种内隐性别刻板印象的认同。Feather 和 Simon(1975)发现,凡是失败者都被评价为比成功者更女性化,不管他们实际上是男性还是女性,以及是在何种职业上失败或成功。徐大真(2003)的内隐测验结果显示,在内隐层面上,男女性个体都认为男性比女性更优秀,虽然他们在外显任务中均认为自己的性别比另一个群体更优秀。

五、EB 测验与 GNAT 测验结果之间的关系

如表 10-4 所示,EB 测验与 GNAT 测验结果的大多数数据之间不存在相关性,说明这两种测量方法所测的可能是内隐自尊的不同侧面。像以往的众多内隐自尊测量方法一样,由于内隐自尊自身可能就是一个具有多个侧面的复杂结构,不同的测量方法只能触及其中的某一个侧面,有些测到的是个体对自我的内隐态度,有些测到的是内隐自尊效应,即间接的内隐自尊引发结果。Bosson 等(2000)曾撰文指出,不同内隐社会认知测量方法之间相关较小,并据此推测不同内隐测量方法所测量的是记忆中复杂网络联结的不同方面。

而 EB1 分数与内隐女性态度指标之间的显著相关,具体说来就是,被试对自我失败的解释数量越多于对自我成功的解释数量,则被试在信号类别为"他人"条件下她成功句与她失败句的反应时之差越少;被试对自我失败的解释数量与对自我成功的解

释数量越接近,则被试对她成功句与她失败句的反应时之差越多。EB1分数体现的是个体对自己的积极信念,即认为"自己应该成功"或"自己应该比他人优秀"的想法。从结果中可以看出,越认为自己优秀的人越不能接受他人的成功,特别是处于社会弱势群体的女性的成功;而不那么认为自己与众不同的人,对他人的态度更为宽容。有学者认为高自尊的人比低自尊的人在自我服务归因偏向上表现更为强烈,表现出明显的自我保护倾向(黄仁辉、李洁、李文虎,2005)。本研究中高内隐自尊者同样表现出这样的倾向。这一显著相关正是体现了不同测量方法之间的测量侧面差异,也体现了内隐自我态度与内隐他人态度之间的关系。

第五节 结 论

综上所述,可以得出以下五点结论:

(1)被试对自我成功事件的归因数量要远远少于对自我失败事件的归因数量,显示了解释偏差的存在,也体现了内隐自尊效应。

(2)被试性别因素的主效应及其他交互作用均不显著,说明人们对成功的偏好具有跨性别的普遍性。

(3)内归因数量极其显著多于外归因数量,验证了"基本归因偏向",而对不同人称成功事件和失败事件的归因差异,体现了"判断中的自我肯定倾向"和"自我服务偏向"。

（4）本研究中 EB 测验、GNAT 实验所测得的内隐自尊与 SES 测验测得的外显自尊出现实验性分离，验证了 EB 测验及 GNAT 方法的区分效度。

（5）EB 测验与 GNAT 测验之间，除了 EB1 与内隐女性态度指标之间存在极其显著的相关之外，其他各项指标之间的相关不显著。

第十一章
内隐自尊的眼动研究

第一节 前言：眼动技术在内隐自尊研究中的尝试

一、内隐自尊

内隐自尊属于内隐自我评价的范畴,是无意识的、相对不受控制的、过度学习而形成的(自动化的)自我联系,它是在没有深刻自我反省的情况下产生的(Greenwald & Banaji, 1995)。内隐自尊能够反映个体的正向需要,个体会为了维护内隐自尊而表现出某些满足正向需要的行为,但是个体自身无法察觉到行为的真正原因是自我为了维护自尊(Kitayama & Karasawa, 1997)。

维护自尊就涉及自我肯定动机和自我提升动机,它们使个体偏向于自我感觉良好、自我胜任感强的信息。自我提升动机是人们被激励去体验积极情绪和避免体验消极情绪的原因，但并不是人们总能意识到自己的这种动机。人们喜欢对自己感觉良好，并最大限度地体会到自尊(Brown，1998)。人们总是被激励用高度有利的词语来形容他们自己，以此来提升自尊(如 Rosenberg，1979；Shrauger，1975；Swann，1990)。在要求人们评定大量品质与自己的符合程度时，可以发现人们往往会用非常积极的词汇来形容自己，89%的学生认为自己要比大多数其他人积极，92%的人认为自己比大多数其他人消极程度要低(Brown，1986)。这个实验说明，人们具有非常普遍的对自我评价的正向偏向。个体在对自我知觉的过程中产生的积极自我偏见，使人们可以在社会比较中有意或无意地努力保持和提升自尊，产生对自己的满意感、能力感和有效感。Taylor 与 Brown(1988)认为，具有自我提升的积极错觉能使个体有更好的社会适应。

人们还会通过以不平衡的方式处理与自我有关的积极和消极信息来提升自尊(Taylor，1991)。大多数人未加考虑地接受与自我有关的积极反馈，却仔细地审查和反驳与自我有关的消极反馈，更容易记住与自我有关的积极信息，并以有利于表明自己拥有良好特质的方式回忆过去。Seta 等人(1999)的研究发现，在和自我相关低的情境中，低自尊的被试更多表现出自我提升动机，而在自我相关高的情境中，低自尊的被试则有相反的表现。Beauregard 等人(1998)的研究发现，在自我受到威胁的时候，利己比较会更多。

不过，这些研究都是在西方文化背景下进行的，这种文化崇尚个人主义，强调竞争性，有利于自我提升。在东方文化背景下，这种自我积极偏向就显得不那么明显,甚至出现自我贬低的倾向(Heine, Lehman, Markus, & Kitayama, 1999)。Kitayama 与 Uchida(2002)关于自尊的跨文化研究发现,由于亚洲文化与北美文化的差异,日本人同时存在外显的自我批评和内隐的自我提升。中国和日本同属亚洲文化,在自尊结构上也有一定的相似性。蔡华俭(2003),耿晓伟、郑全全(2005),周帆、王登峰(2005)和杨福义(2006)等国内研究者对内隐自尊进行的研究也得出了类似的结果,发现了中国文化中的外显自尊与内隐自尊之间的双重分离。

二、眼动技术在内隐社会认知研究中的尝试

100多年来,心理学家一直致力于眼动研究。眼动的心理学研究基于视觉信息加工与眼动的密切关系,该领域的基本理论主要是关于视觉信息加工与眼动的关系理论,特别是眼跳与注意模型:竞争—整合模型(the competitive integration model)。眼动的时空特征是视觉信息提取过程中的生理和行为表现,其与心理活动直接或间接的关系奇妙而有趣。

最近二十多年,心理学家开始重视眼动与知觉及其认知之间的关系,利用眼动记录技术对视觉信息加工进行精细记录和分析,从视觉信息加工的行为特点来探讨心理活动的深层心理机制和生理机制。在国外,阅读的眼动研究方面成果丰富,心理学家们发现对不同的语言系统进行认知加工的过程中会呈现出不同的表现。

眼动研究有广泛的心理学价值,它"暗示着大脑如何搜集或

筛选信息"。毫无疑问,视觉信息的接收、搜索和提取特征与人的活动目的相关联,也就是与人的动机系统、态度体系相关联;与接受者或搜索者的信息加工能力、加工方式相关联;与主客观因素影响下的无意注意及有意注意相关联;甚至"与心理失调""社交性内向等个性品质"相关联。人们已经将眼动研究广泛运用于视觉信息加工、动机与态度、心理发展、阅读与学习、消费心理、工程心理、交通心理、体育心理,甚至是病理心理研究等方面(邓铸,2005)。眼动研究也成为心理学基础实证研究的重要手段,但是还很少有人将眼动技术运用于内隐社会认知研究,本研究希望对此加以尝试。

已有研究发现,自我贬低倾向在东方文化中普遍存在,这是否说明中国人不存在自我提升动机呢?还是说明自我提升动机在中国人群体中不存在外显作用,但是仍然会内隐地、在个体没有意识的条件下发挥作用呢?之前提到的研究中已经用 IAT 方法检测到中国人的内隐自尊(蔡华俭、杨治良,2003;杨福义、梁宁建,2005),但是 IAT 方法本身受到了研究者的质疑。Karpinski 与 Hilton(2001)认为,IAT 反映了社会文化中概念与概念之间的联结强度,而非个体的倾向性,表现的是个体所掌握的社会背景知识而非个体真实信念,与现实生活有一定的距离。所以,本研究希望采用更具生态效度的研究方法,即在一种自然阅读情境中,让被试阅读并按要求复述一些句子,观察和记录被试对不同兴趣区的注视时间、瞳孔大小等数据,分析被试的眼动特点是否会因为句子人称或事件内容的不同而有所差异,从而探讨被试的内隐自尊,以便我们更好地理解和把握内隐社会认知的规律及深层机制。

第二节 研究方法：被试、实验仪器、实验材料、实验设计及实验程序

一、被试

华东师范大学心理学系本科生和研究生共 22 人，其中男性 10 人、女性 12 人，平均年龄为 22.1 岁，视力或矫正视力正常。

二、实验仪器

加拿大 SR Research 公司生产的 Eyelink－Ⅱ型眼动仪，参数设定为：采样频率 500 Hz，记录方法为瞳孔反光，能记录被试在阅读过程中的注视位置、注视点持续时间、注视次数、眼跳距离等数据。

三、实验材料

（一）眼动阅读句子

刺激材料包括 12 个描述行为的句子，主语包括"我""他"和"她"三种情况，事件性质包括积极和消极两种，每种性质各 2 句，内容涉及学生被试较为熟悉的校园生活，如"我被评为优秀毕业生""他期末考试不及格"。材料以 44 号宋体加黑、白底黑字呈现于屏幕中央，12 个句子随机呈现。

（二）Rosenberg 自尊量表

本研究使用目前应用最为广泛、信效度较好的 Rosenberg 自

尊量表(SES)来测量被试的外显自尊,SES 量表共有 10 道题目,要求被试在"非常符合""符合""不符合""非常不符合"四个等级上直接报告这些描述与自己的符合程度。其中正向题和反向题各半,量表总分为 10~40 分,分数越高表明自尊水平越高。笔者赞同为了避免文化差异对研究结果和结论的影响(田录梅,2006),在使用时对第 8 题("我希望我能为自己赢得更多尊重。")采取正向记分的方式。

四、实验设计及实验程序

本实验为 3(主语人称)×2(事件性质)×2(性别)混合实验设计,主语人称为被试内变量,分我、他、她三个水平;事件性质为被试内变量,分成功和失败两个水平;性别为被试间变量,分男性和女性两个水平。

每个被试个别进行实验。首先让被试熟悉实验室环境,请被试端坐在屏幕前方,为被试戴好头架后,向被试说明实验要求,尽可能保持身体和头部姿势固定。正式实验开始之前,进行校准和确认。

正式实验时,屏幕上首先出现一个黑点,其作用是确认眼球记录的正确性。待被试盯准黑点后,由主试按键使黑点消失,实验材料出现,眼动仪同时开始记录。每个句子呈现 5 秒,呈现结束后句子消失,屏幕中又会出现一个黑点。被试的任务是阅读句子,然后口头报告句子内容。

为了考察眼动记录技术的区分效度,在句子阅读的眼动实验完成之后,将请被试完成 Rosenberg 自尊量表。

实验的全部数据用 The EyeLink Data Viewer 眼动分析软件进行分析,用 SPSS11.0 进行统计。

第三节 结果:注视时间、瞳孔大小、与外显自尊的相关

本实验的关注点并不在于被试对整个句子阅读时的眼动情况,而在于主语人称及事件性质的差异对局部阅读的影响,因此,可将每个句子划分成2个兴趣区,兴趣区1为主语(代词),兴趣区2为句中其他部分(结果部分),并对两个兴趣区的眼动数据分别进行统计分析。

一、各兴趣区的第一次注视时间

第一次注视时间是指被试进入某一指定区域到离开该区域的所有注视持续时间,不管对这个区域是仅注视了一次,还是初次对这一区域进行了多次注视。被试对每个兴趣区的第一次注视时间见表 11-1。

表 11-1 被试对各个兴趣区的平均第一次注视时间 (单位:ms)

主语人称	事件性质	性别	兴趣区 1	兴趣区 2
我	成功	男	200.60	3 221.60
		女	95.83	3 768.67
	失败	男	88.80	4 205.40
		女	79.17	3 736.50

续 表

主语人称	事件性质	性别	兴趣区1	兴趣区2
他	成功	男	77.40	3 845.20
		女	113.17	3 686.67
	失败	男	75.40	3 830.40
		女	146.50	3 146.50
她	成功	男	137.20	3 858.60
		女	94.67	3 764.17
	失败	男	188.00	3 538.60
		女	182.00	3 456.00

方差分析结果表明：① 兴趣区1，各因素的主效应不显著；主语人称与事件性质的交互作用显著，$F(2,84) = 4.421, p = 0.015$，简单效应分析结果为：对自我成功句子中"我"的第一次注视时间长于对自我失败句子中"我"的第一次注视时间，但未达到显著水平（$p=0.053$），对男性成功句子中"他"的第一次注视时间短于对男性失败句子中"他"的第一次注视时间，但未达到显著水平（$p=0.597$），对女性成功句子中"她"的第一次注视时间短于对女性失败句子中"她"的第一次注视时间，但也未达到显著水平（$p=0.072$）。② 兴趣区2，各因素的主效应均不显著；性别与事件性质的交互作用显著，$F(1,84) = 4.105, p = 0.049$，简单效应分析结果为：男性对成功句子中结果部分的第一次注视时间短于对失败句子中结果部分的第一次注视时间，但未达到显著水平（$p=0.251$），女性对成功句子结果部分的第一次注视时间长于对失败句子结果部分的第一次注视时间，但也未达到显著水平（$p=0.091$）。

二、各兴趣区的第二次注视时间

第二次注视时间,指离开某区域后,对该区域进行回视的所有注视点时间总和。对被试的眼动轨迹进行初步分析发现,被试都首先注视句子的结果部分,然后转向主语部分,再回视结果部分。因此,只存在对兴趣区 2 的第二次注视,表 11-2 为被试对兴趣区 2 的第二次注视时间。

表 11-2　被试对兴趣区 2 的平均第二次注视时间　(单位: ms)

主语人称	事件性质	性别	兴趣区 2
我	成功	男	1 071.40
		女	713.50
	失败	男	352.60
		女	692.83
他	成功	男	657.60
		女	774.33
	失败	男	837.20
		女	1 189.00
她	成功	男	608.60
		女	637.83
	失败	男	885.00
		女	956.50

方差分析结果表明:① 各因素的主效应均不显著。② 主语人称与事件性质的交互作用显著,$F(2,84)=3.148$,$p=0.048$。简单效应分析结果为:对自我成功句子中结果部分的第二次注视时间长于对自我失败句子中结果部分的第二次注视时间,接近显著水平($p=0.056$);对男性成功句子中结果部分的第二次注视时

间短于对男性失败句子中结果部分的第二次注视时间,但未达到显著水平($p=0.195$);对女性成功句子中结果部分的第二次注视时间短于对女性失败句子中结果部分的第二次注视时间,但也未达到显著水平($p=0.121$)。

三、注视各兴趣区时的瞳孔大小

被试在注视不同句子的不同部分时,其瞳孔大小是不同的,具体数据如表 11-3 所示。方差分析结果表明:① 兴趣区 1,各因素的主效应不显著;性别与事件性质的交互作用显著,$F(1,84)=6.024$,$p=0.018$,简单效应分析结果为:男性注视成功句子中主语部分时的瞳孔大小大于注视失败句子中主语部分的瞳孔大小,但未达到显著水平($p=0.271$),女性注视成功句子主语部分时的瞳孔大小小于注视失败句子主语部分时的瞳孔大小($p=0.020$)。② 兴趣区 2,主语人称的主效应极其显著,$F(2,84)=8.193$,$p=0.001$,表现为注视女性事件时的瞳孔大小显著小于注视自我事件及男性事件时的瞳孔大小($p=0.001$);主语人称与事件性质的交互作用显著,$F(2,84)=12.984$,$p=0.000$,简单效应分析结果为:注视自我成功句子中结果部分时的瞳孔大小显著大于注视自我失败句子中结果部分时的瞳孔大小($p=0.000$),注视男性成功句子中结果部分时的瞳孔大小显著小于注视男性失败句子中结果部分时的瞳孔大小($p=0.001$),注视女性成功句子中结果部分时的瞳孔大小小于注视女性失败句子中结果部分时的瞳孔大小,但未达到显著水平($p=0.235$)。

表 11-3 被试注视各兴趣区时的瞳孔大小 （单位：pixel）

主语人称	事件性质	性别	兴趣区 1	兴趣区 2
我	成功	男	545.41	1 435.95
		女	247.09	1 340.41
	失败	男	181.23	1 350.43
		女	335.00	1 259.50
他	成功	男	402.11	1 388.56
		女	369.64	1 273.67
	失败	男	463.23	1 431.07
		女	519.57	1 332.84
她	成功	男	392.44	1 312.18
		女	311.03	1 273.67
	失败	男	422.00	1 347.78
		女	614.29	1 222.57

四、眼动数据与外显自尊测量之间的相关

通过将不同人称的成功句各个兴趣区的眼动数据减去失败句各个兴趣区的眼动数据得到各自的眼动指标，包括第一次注视时间、第二次注视时间和注视瞳孔大小，然后将这些眼动数据指标与 SES 分数之间计算相关。结果发现，不管是哪个人称的哪种眼动数据指标，都与外显自尊不存在显著相关，说明句子阅读时被试的眼动不受外显自尊影响，具有一定的区分效度。

第四节　讨论：眼动数据中的内隐自尊效应

由于句子的呈现时间都为 5 秒，所以未对被试的总注视时间进行统计,而是将整个句子分成主语和结果两部分,分别分析了被试对各部分的第一次注视时间、第二次注视时间及注视时的瞳孔大小。彭聃龄等人的研究发现,在决定读者的眼动模式和注视停留时,认知因素比知觉因素有更重要的作用(Peng, et al., 1983)。孙复川等人(1999)认为,阅读过程中的眼动主要是由内容决定的,而不是由不同语言的视觉特征决定的。

研究者通常认为,不同的眼动指标可以反映不同的理解加工。第一次注视时间主要反映较低水平的加工,形成心理表征,包括词汇通达与部分的句法分析,而第二次注视时间则反映较高水平、更高层次的加工,包括判断字词所反映的意义在语篇中的作用,以及将之与前文信息或与语境相关的一般背景信息进行的整合加工(王穗萍,黄时华,杨绵绵,2006)。不过在本研究中主语部分的情况有些特殊,由于呈现句子较短,被试不需要将注视点放在主语人称上就能够知觉到主语,而且前文中已经提及,被试的眼动轨迹是"结果→主语→结果",虽然被试大多只对主语部分进行了一个注视,但其反映的却可能是深层次的加工。瞳孔大小的变化既与动机、兴趣、态度等因素有关,又与完成认知任务时的信息加工负荷(information-processing load)及任务难度有关(阎国利,2004;王葵,翁旭初,2006)。Daniel 等(2004)的研究表明,计算难度越高,瞳孔尺寸越大;Just 与 Carpenter(1980)发现,相对于结构简单的句子而言,理解结构复杂的句子时的瞳孔尺寸要大一些。沈德立(2001)考察了被试阅读文章和文章后的问题时的瞳孔变化模式,发现被试在加工问题时,瞳孔直径增加。

从结果中可以看出,阅读主语人称为"我"的句子时,不管是成功事件还是失败事件,被试形成心理表征的速度是不存在显著差异的,但是之后对句子进行再分析加工时就出现了差异。被试对自我成功句子中"我"的第一次注视时间长于对自我失败句子中"我"的第一次注视时间,接近显著水平($p = 0.053$);对自我成功句子中结果部分的第二次注视时间长于对自我失败句子中结果部分的第二次注视时间,接近显著水平($p = 0.056$),而且注视自我成功句子中结果部分时的瞳孔大小显著大于注视自我失败句子中结果部分时的瞳孔大小($p = 0.000$)。这可能说明,与自我失败事件相比,被试对自我成功事件进行了较多深层次的加工,赋予了更多的信息加工负荷,也可能说明被试对自我成功事件更感兴趣,引发了更积极的情绪。

对自我—积极信息进行深度加工是符合自我肯定动机和自我提升动机的。自我提升动机(如希望让自己感觉良好)使人们用能使他们相信自己具有许多有利特征的方式来加工信息。人们得以形成和保持积极自我态度的方式之一就是只寻找关于他们的有利信息(Brown,1990)。虽然个体无法完全脱离消极反馈,但是他们可以采取一个更为适度、更具适应性的策略,即接近积极的自我信息,回避消极的自我信息。人们总是积极地寻求积极反馈,而不接近或主动避免消极反馈。本研究中的结果提示我们,这一过程可能是无意识,不由意志控制的。

内隐自尊效应指出,人具有作出积极自我评价的倾向,在潜意识中多数人都是期望自己成功的,也更愿意接受自己成功的结果,而自己失败的结果是不符合预期的,也更不愿意接受自己失败的结果。在本实验中,句子的呈现时间较短,未给被试足够的思考时间,而且被试的任务是口头报告句子内容,实验结束后的访谈中他们也未发觉本实验的真实目的,认为自己对所有句子都是"一视同仁",丝毫未引起自己的情绪及认知变化。再加上被试的眼动数据与外显自尊量表的测量结果之间不存在显著相关,更说明被试阅读句子时并未受到外显自尊的影响,所以被试对句子各部分注视时间上的差异只能是一种无意识的表现。被试更多注视成功结果时的自我,而较少注视失败结果时的自我,这种积极的自我肯定认知偏向内隐地体现了自尊,而且能够促进自尊。

从被试的性别差异上看,男性注视成功句子中主语部分时的瞳孔大小大于注视失败句子中主语部分的瞳孔大小,但未达到显著水平($p=0.271$),女性注视成功句子主语部分时的瞳孔大小小于注视失败句子主语部分时的瞳孔大小($p=0.020$);男性对成功句子中结果部分的第一次注视时间短于对失败句子中结果部分的第一次注视时间,但未达到显著水平($p=0.251$),女性对成功句子结果部分的第一次注视时间长于对失败句子结果部分的第一次注视时间,但也未达到显著水平($p=0.091$)。瞳孔变大是心理努力的敏感指标,也可能是情绪的反映,推知女性加工失败句子需要更多的心理努力,或者是引发了更多的情绪。而第一次注视时间的长短表明被试形成心理表征速度的快慢。第一次注视时间越短,表明形成心理表征的速度越快;第一次注视时间越长,表明形成心理表征的速度越慢(白学军,张兴利,阎国利,2005)。可见,男性被试倾向于更快对成功事件形成心理表征,女性被试倾向于更快对失败事件形成心理表征,从一个侧面反映出性别角色的影响作用。一些研究表明,男性总是被知觉为和成功联系在一起,而且男性比女性对成功具有更高的期望。男性在归因上的自我服务偏向比女性强烈得多(俞海运,2005)。长期以来性别角色潜移默化的影响,男性在现实生活中更多的成功体验,使得男性能容易识别成功事件,而女性在现实生活中的失败体验,使她们对失败事件更加敏感。

本研究还预期会在眼动数据中反映出内隐性别刻板印象,结果并不尽然。除了注视女性事件时的瞳孔大小显著小于注视自我事件及男性事件时的瞳孔大小之外,阅读以"他"为主语的句子与阅读以"她"为主语的句子时,出现了很多相似的趋势,只是在程度上存在差异。对男性成功句子中"他"的第一次注视时间短于对男性失败句子中"他"的第一次注视时间,但未达到显著水平($p=0.597$),对女性成功句子中"她"的第一次注视时间短于对女性失败句子中"她"的第一次注视时间,但也未达到显著水平($p=0.072$)。注视男性成功句子中结果部分时的瞳孔大小显著小于注视男性失败句子中结果部分时的瞳孔大小($p=0.001$),注视女性成功句子中结果部分时的瞳孔大小小于注视女性失败句子中结果部分时的瞳孔大小,但未达到显著水平($p=0.235$)。对男性成功句子中结果部分的第二次注视时间短于对男性失败句子中结果部分的第二次注视时间,但未达到显著水平($p=0.195$);对女性成功句子中结果部分的第二次注视时间短于对女性失败句子中结果部分的第二次注视时间,但也未达到显著水平($p=0.121$)。

这些结果说明,被试对他人失败事件更感兴趣,更快形成心理表征,更多进行深度加工。与对自我的内隐态度相比,对他人的内隐态度具有一定的消极倾向。人们在希望自己成功的同时,会无意识地希望他人失败,这也是因为社会比较的普遍存在,自我成败总是与他人比较相联系的结果。可能是由于本实验中将男女刺激与自我刺激作为对照,被试的认知注意资源更多放在"自我"与"他人"的差异上,所以几乎都没有表现出对男性他人成败事件及女性他人成败事件阅读上的差异,研究中未发现内隐性别刻板印象。

综上所述,本研究在阅读句子同时记录到的眼动数据中发现了内隐自尊的存在,被试更多注视成功结果时的自我,而较少注视失败结果时的自我,对自我成功事件进行了较多深层次的加工,赋予了更多的信息加工负荷。这种积极的自我肯定认知偏向内隐地体现了自尊,而且能够促进自尊。

第五节　结　　论

综上所述,可以得出以下六点结论:

(1) 对不同性质句子中人称部分的第一次注视时间会因人称不同而呈现不同形态,对自我成功句子中"我"的第一次注视时间长于对自我失败句子中"我"的第一次注视时间,接近显著水平。

(2) 对不同性质句子中结果部分的第一次注视时间会因被试性别不同而呈现不同形态。

（3）对不同性质句子中结果部分的第二次注视时间会因人称不同而呈现不同形态,对自我成功句子中结果部分的第二次注视时间长于对自我失败句子中结果部分的第二次注视时间,接近显著水平。

（4）注视不同性质句子中人称部分时的瞳孔大小会因被试性别不同而呈现不同形态。

（5）注视女性事件时的瞳孔大小显著小于注视自我事件及男性事件时的瞳孔大小,注视自我成功句子中结果部分时的瞳孔大小显著大于注视自我失败句子中结果部分时的瞳孔大小,注视男性成功句子中结果部分时的瞳孔大小显著小于注视男性失败句子中结果部分时的瞳孔大小。

（6）眼动数据指标与外显自尊之间不存在显著相关。

第十二章
内隐自尊解释偏差(EB)研究 II

第一节 前言:EB 测量的优缺点及发展前景

SEB 方法是内隐社会认知研究中值得注意的一种新的测量方法,它的测量结果与传统的直接测量个体态度的外显测量结果不具有显著相关(Kawakami & Dovidio, 2001),可以作为反映人们内隐态度的指标。SEB 指标所具备的特色在于巧妙地结合了人的归因与人的态度,利用个体从归因上所表现出来的解释性偏差来反映人的内隐刻板印象。

自俞海运(2005)将 SEB 方法介绍到中国之后,研究者已经将其应用于研究内隐性别刻板印象、内隐职业性别刻板印象、内隐学科性别刻板印象、内隐地域刻板印象等,并获得了较好的结果。SEB方法从归因入手研究个体对某一社会群体的态度,其实用价值还在于能够了解或预测个体随后对该社会群体中成员的行为表现,Sekaquaptewa等(2003)证明SEB的结果具有显著的预测能力,俞海运(2005)证实SEB方法对个体在随后的社会情境中所表现出来的刻板印象相关行为有显著的预测性。

EB方法的实验程序十分自然地激发归因行为,人们的态度也容易自然地对归因过程产生影响。实际上人们对每个不同行为的信息加工都是不同的,EB方法关注人们进行信息加工的动态过程,这样的测量方法更接近现实生活。纸笔测验和可集体施测的特点体现了它的易操作性,其应用前景可以预见。

作为一种新兴的内隐认知研究方法,EB测量还存在着一些问题。

首先,需要严格控制实验情境,以保证EB测量结果的稳定性。例如,同为关于性别刻板印象的SEB分值,其对行为表现的预测效果却不相同。马芳(2006)甚至提出,由于SEB问卷需要研究者根据实验需要自行编制,还使用了具体与研究对象相关的典型姓名,尽管研究者在编制问卷的过程中会恪守EB原理,实施测验和记分时严格规范,但是仍然无法保证EB测量方法的信效度。

其次,EB测量结果对行为表现的预测作用尚须实证研究结果支持。尽管俞海运(2005)及Sekaquaptewa等(2003)证明其结果具有显著的预测能力,但是杨宇然(2006)实验发现EB测量结果对于个体社会情境中的行为不具有良好的预测性。

再次,EB测量方法与其他内隐测量方法之间的关系尚不明确。俞海运(2005)提出 SEB 测量结果与 IAT 测量结果之间不存在显著相关,马芳(2006)发现 IAT 效应值与 SEB1 呈显著负相关,与 SEB2 呈不显著正相关,杨宇然(2006)则发现 EB 测量结果与 IAT 测量结果显著相关。

最后,EB 方法测量的是被试的相对态度偏好,尽管可以根据人们对不同社会群体行为的归因得出各自的 EB 分数,但是这一分数毕竟是两个归因数量之差,仍无法与绝对态度相联系,只能反映相对态度。

因而笔者认为,需要丰富使用 EB 方法的实证研究证据,以验证 EB 测验的信效度,并增加对 EB 测验使用时相关实验情境的考虑,还需要将 EB 方法与其他相关内隐测量方法相结合,在发挥 EB 测验优势的同时弥补其自身的不足。

在之前的研究中,EB 测量结果确实能够检测到被试的内隐自尊效应,验证了"基本归因偏向"及"自我服务偏向",而且 EB 测量结果与 SES 测验结果之间出现实验性分离现象,但未检测到内隐性别刻板印象,表明 EB 方法用于测量内隐自尊具有一定的信效度,问卷的编制将影响到 EB 测量结果。研究者还尝试将 EB 方法与 GNAT 方法相结合,结果发现两者的大多数数据之间不存在显著相关,只是 EB 测得的内隐自尊效应与 GNAT 测得的内隐女性态度之间存在显著相关,体现了 EB 方法与 GNAT 方法之间的一定联系。

在 EB 测验实施过程中,研究者发现不少被试都会询问"杨俊波投资的股票连续三天涨停,是因为_____"这一项目事件属于投资成功还是投资失败,提示研究者在编制 EB 问卷时需要确实考虑被试的知识背景和生活阅历,避免由于被试对项目事件的理解失误所造成的不必要废卷,以提高 EB 问卷的测量效度。

本研究希望一方面改进 EB 问卷的项目编制,保证问卷项目与被试实际生活情景间的一致性及紧密联系;另一方面继续通过具体实验验证将归因结果作为内隐态度研究指标的可行性,检验 EB 方法的信效度,考察 EB 方法与眼动记录方法结合的可能性,探讨 EB 研究范式或其他根据归因过程开展的研究在未来进一步发展的前景。

第二节　研究方法：被试、材料、实验程序与数据收集

一、被试

华东师范大学心理学系本科生和研究生共 23 人,其中男性 11 人、女性 12 人,平均年龄为 22.1 岁,因有一女生未完成全部实验,结果不计入总分,有效被试为 22 人。

二、材料

(一) 自我—他人学习成败 EB 问卷

为了避免出现被试不理解事件现象,本研究在编制 EB 问卷时考虑了被试的知识背景和生活阅历,针对大学生这一社会群体编制了自我—他人学习成败 EB 问卷,问卷项目所涉及的都是大

学生活中经常可能遇到的事件,如"我被评为'三好学生'""羽毛球比赛中高振国获得冠军""张丽实验失败"等。自我—他人学习成败 EB 问卷由 15 个原因填空句子构成,但它们均只有说明事件结果的前半句,而要求被试根据自己的想法填写后半句,即对前半句所描述事件的结果进行归因。问卷一共包括 15 个句子,6 句是行为表现为成功的句子,6 句是行为表现为失败的句子,还有 3 句是中性项目(即行为表现无成败之分,与成败无关)。成败两组的 6 个句子中都设定了相关的人名,其中以"自我"为人称的句子 2 句,典型男性姓名的句子 2 句,典型女性姓名的句子 2 句;而中性项目中"自我"、典型男性姓名、典型女性姓名的句子各一句。被试在完成填空时,可以填入任何他想填的理由,只要保证语句通顺就可以了。

(二) Rosenberg 自尊量表

本研究使用目前应用最为广泛且信效度良好的 Rosenberg 自尊量表来测量被试的外显自尊,量表共有 10 道题目,要求被试在"非常符合""符合""不符合""非常不符合"四个等级上直接报告这些描述与自己的符合程度来评价自己。其中正向题和反向题各半,量表总分为 10~40 分,分数越高表明自尊水平越高。笔者赞同为了避免文化差异对研究结果和结论的影响(田录梅,2006),在使用时将第 8 题("我希望我能为自己赢得更多尊重。")采取正向记分的方式。

三、实验程序

本研究中将 EB 测量方法与句子阅读的眼动测量相结合,为了避免 EB 问卷的施测过程对句子阅读的干扰,要求被试在完成句子阅读的眼动测量之后完成 EB 问卷,并采取个别施测的方式进行。被试在拿到 EB 相关问卷后,按要求完成填空,填入任何想到的理由,只要保证语句和逻辑通顺即可。被试在每题上都不用花过多时间考虑,写下想到的所有理由,可以填入不止一个理由。

在 EB 问卷完成之后,请被试完成 Rosenberg 自尊量表。

四、数据的收集与分析

对上述收集的数据使用 SPSS11.0 软件包进行统计处理。

第三节 结 果

一、EB 分值

在计算 EB 分数前,由两位主试充当裁判,分别对每份问卷上 EB 项目后半句中被试所填的理由进行分类编码,判断填写的内容是关于前半句行为的解释,还是对前半句意思的简单重复。对两位裁判的编码结果进行相关分析,发现两者之间具有显著高相关($r=0.89$),确保被试所提供理由的归因价值,将两位裁判的编码结果加以平均,作为下一步计算的根据。

在被试的每一份 EB 问卷上,都可以计算出六类解释的总数量:① 人称为"我",且行为符合"我比他人优秀"的句子解释总数,记为 SCH;② 人称为"我",且行为不符合"我比他人优秀"的句子解释总数,记为 SSH;③ 人称为男性姓名,且行为符合"男性比女性优秀"的句子解释总数,记为 HCH;④ 人称为男性姓名,且行为不符合"男性比女性优秀"的句子解释总数,记为 HSH;⑤ 人称为女性姓名,且行为符合"女性不如男性优秀"的句子解释总数,记为 SHSH;⑥ 人称为女性姓名,且行为不符合"女性不如男性优秀"的句子解释总数,记为 SHCH。这样,每个被试就有三个 EB 分值,即 EB1 = SSH - SCH、EB2 = HSH - HCH、EB3 = SHCH - SHSH。对 EB 的分值进行统计,如果它与 0 存在显著差异,则说明被试对活动者的不同行为结果进行归因时,受到活动者人称的显著影响;如果 EB 分值与 0 不存在显著差异,则说明被试对活动者的行为结果归因没有受到刻板印象的影响。

实验中所获得的 EB 分值描述性统计数据及 EB 分值与 0 差异显著性的 T 检验结果如表 12-1 所示。

表 12-1 被试总体的 EB 分值情况及差异检验($n=22$)

项目	Mean(均值)	SD(标准差)	T 值	p 值
EB1(SSH-SCH)	-0.404 8	0.644 6	-2.878	0.009**
EB2(HSH-HCH)	0.309 5	0.661 0	2.146	0.044*
EB3(SHCH-SHSH)	-0.190 5	0.697 8	-1.251	0.225

注:*表示差异显著性水平 $p<0.05$,**表示差异显著性水平 $p<0.01$。

从表中可以看出,EB1 的分值与 0 存在极其显著差异,EB2 的分值与 0 存在显著差异,EB3 的分值与 0 不存在显著差异。

二、EB 分值的影响因素

对 EB 问卷中六类解释的总数量进行事件性质(成功、失败)×人称(我、男性姓名、女性姓名)×被试性别(男、女)的三因素方差分析结果表明：

(1) 事件性质的主效应不显著，$F(1,19) = 0.082, p = 0.777 > 0.05$，表现为对事件的解释总数量不因事件性质不同而变化；

(2) 人称与事件性质的交互作用显著，$F(2,38) = 7.798, p = 0.002 < 0.01$，表现为对自我成功事件的解释总数量显著多于对自我失败事件的解释总数量，对男性成功事件的解释总数量少于对男性失败事件的解释总数量，而对女性事件的解释总数量不因事件性质不同而变化，如图12-1所示：

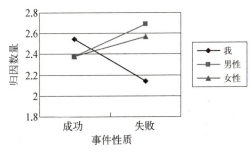

图 12-1　对不同人称的不同事件性质的归因数量

(3) 被试性别因素的主效应及其他交互作用均不显著，说明这种归因数量差异倾向在性别上没有差异。

三、细分内—外归因时的 EB 测量结果

具体分析被试在 EB 问卷中对项目所作归因的性质，能够提供更多的信息，用于对"自我服务归因偏向"及"基本归因偏向"等的检验，而如果在研究中发现被试在归因不同性别活动者的成败时存在内—外归因差异，也可以在一定程度上反映被试所抱有

的内隐性别刻板印象。分别计算被试对各类解释的外归因和内归因数量,可以得到12个指标,它们是:SCH-E、SCH-I、SSH-E、SSH-I、HCH-E、HCH-I、HSH-E、HSH-I、SHCH-E、SHCH-I、SHSH-E和SHSH-I。然后将每类项目的外归因数量减去内归因数量,就得到EB4。EB4在不同项目类型中的均值和标准差见表12-2。

表12-2 EB4的均值及标准差(n=22)

人称	事件性质	EB4均值	EB4标准差
我	成功	-1.023 8	1.077 9
	失败	-0.571 4	0.597 6
他	成功	-1.190 5	0.887 1
	失败	-0.881 0	1.213 5
她	成功	-1.714 3	0.943 0
	失败	-1.095 2	0.860 5

归因性质(内、外)×事件性质(成功、失败)×人称(我、男性姓名、女性姓名)×被试性别(男、女)的四因素方差分析结果表明,除了已知的显著主效应及交互作用以外:

(1)归因性质的主效应极其显著,$F(1,19) = 71.677$, $p = 0.000 < 0.01$,表现为内归因数量极其显著多于外归因数量;

(2)归因性质×被试性别的交互作用显著,$F(1,19) = 6.579$, $p = 0.019 < 0.05$,表现为男性被试内外归因的数量差异要小于女性被试内外归因的数量差异,如图12-2所示;

(3)归因性质×事件性质的交互作用极其显著,$F(1,19) = 15.080$, $p = 0.001 < 0.01$,表现为被试极其显著地更倾向于将成功

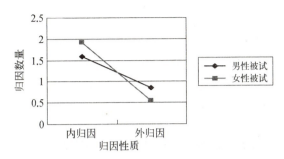

图 12-2　男女被试在不同归因性质上的归因数量

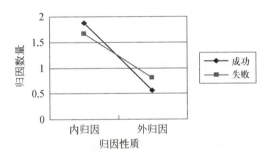

图 12-3　不同事件性质上内外归因数量的差异

事件归因于内部因素,而对于失败事件的内外归因数量差异远没有对于成功事件时大,如图 12-3 所示;

(4) 归因性质×人称的交互作用极其显著,$F(2,38) = 6.560$,$p = 0.004 < 0.01$,表现为自我事件上的内归因倾向最小,男性事件上的内归因倾向次之,女性事件上的内归因倾向最为明显,如图 12-4 所示。

四、外显自尊测量结果

被试总体的 SES 总分均值为 30.857 1,标准差为 3.037 9,男

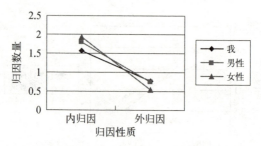

图 12-4 对不同人称的内外归因数量的差异

性被试与女性被试的外显自尊分数不存在性别差异，$F(1,19)=-1.094$，$p=0.287>0.05$。

五、EB 测量结果与外显自尊测量结果之间的相关检验

将 EB1、EB2、EB3 分值与外显测量结果进行相关检验（使用 Pearson 相关系数）后发现，各 EB 分值与 SES 之间不存在显著相关，EB1 与 EB2 之间存在显著相关，见表 12-3。

表 12-3 EB 测量结果与外显测量（SES）之间的相关检验

	EB1 (SSH-SCH)	EB2 (HSH-HCH)	EB3 (SHCH-SHSH)	SES
EB1(SSH-SCH)	1.000			
EB2(HSH-HCH)	0.309*	1.000		
EB3(SHCH-SHSH)	-0.041	-0.137	1.000	
SES	0.390	-0.201	-0.084	1.000

注：*表示差异显著性水平 $p<0.05$，**表示差异显著性水平 $p<0.01$。

六、EB 测验结果与眼动实验结果之间的相关检验

在句子阅读的眼动研究之后进行 EB 测验，并考察二者之

间的关系。由于眼动实验中可供选用的指标很多,结合上一章眼动研究的实验结果,只选择其中的三个指标,即对兴趣区1(主语人称)的第一次注视时间、对兴趣区2(结果部分)的第二次注视时间以及注视兴趣区2时的瞳孔大小分别进行相关检验。

兴趣区1的第一次注视时间指标通过成功句兴趣区1的第一次注视时间减去失败句兴趣区1的第一次注视时间得到,与三个EB分数之间的相关见表12-4,只观察到EB1与EB2分值之间存在显著相关,与眼动研究的结果一致。

表12-4　EB测量结果与兴趣区1的第一次
注视时间之间的相关检验

	EB1	EB2	EB3	我成败	他成败	她成败
EB1(SSH-SCH)	1.000					
EB2(HSH-HCH)	0.309*	1.000				
EB3(SHCH-SHSH)	-0.041	-0.137	1.000			
我成功—我失败	-0.056	0.352*	0.163	1.000		
他成功—他失败	-0.195	-0.144	-0.055	0.132	1.000	
她成功—她失败	-0.045	0.109	-0.146	0.091	-0.012	1.000

注:*表示差异显著性水平$p<0.05$,**表示差异显著性水平$p<0.01$。

兴趣区2的第二次注视时间指标通过成功句兴趣区2的第二次注视时间减去失败句兴趣区2的第二次注视时间得到,与三个EB分数之间的相关如表12-5所示,EB1与EB2分值存在显著相关,自我成败与他成败存在显著负相关。

表 12-5 EB 测量结果与兴趣区 2 的第二次
注视时间之间的相关检验

	EB1	EB2	EB3	我成败	他成败	她成败
EB1(SSH-SCH)	1.000					
EB2(HSH-HCH)	0.309*	1.000				
EB3(SHCH-SHSH)	-0.041	-0.137	1.000			
我成功—我失败	-0.264	0.148	-0.112	1.000		
他成功—他失败	-0.059	-0.127	-0.006	-0.317*	1.000	
她成功—她失败	0.299	0.123	-0.163	-0.056	-0.053	1.000

注：* 表示差异显著性水平 $p<0.05$，** 表示差异显著性水平 $p<0.01$。

注视兴趣区 2 时的瞳孔大小指标通过注视成功句兴趣区 2 时的瞳孔大小减去注视失败句兴趣区 2 时的瞳孔大小得到，与三个 EB 分数之间的相关如表 12-6 所示，EB1 与 EB2 分值存在显著相关，EB2 与自我成败之间存在显著负相关，EB3 与他成败存在显著负相关。

表 12-6 EB 测量结果与注视兴趣区 2 时的
瞳孔大小之间的相关检验

	EB1	EB2	EB3	我成败	他成败	她成败
EB1(SSH-SCH)	1.000					
EB2(HSH-HCH)	0.309*	1.000				
EB3(SHCH-SHSH)	-0.041	-0.137	1.000			
我成功—我失败	0.081	-0.377*	-0.061	1.000		
他成功—他失败	-0.111	-0.008	-0.375*	-0.264	1.000	
她成功—她失败	0.191	0.109	0.044	-0.273	0.115	1.000

注：* 表示差异显著性水平 $p<0.05$，** 表示差异显著性水平 $p<0.01$。

第四节 讨论：EB、GNAT 与 SES 测验结果分析

一、关于 EB 分值的结果分析

从表 12‐1 中可以看出，EB1 分值与 0 存在极其显著差异，体现了解释偏差效应。不过被试对自我失败事件的归因数量远远少于对自我成功事件的归因数量，与预期的结果相反，似乎有悖于内隐自尊效应。但是具体分析自我成败事件的内—外归因性质会发现，被试对自我成功事件的归因中大量是对自己能力或努力等方面的内归因，说明被试在归因过程中努力证实自己的实力，显示出自我展示、自我增强等的影响。以往人们普遍认为，不同文化背景下，个体对自我的评价存在着差异。集体主义文化下的个体对自我的评价不如个体主义文化下个体积极，自我增强是个人主义文化中非常普遍的心理现象，但在集体主义文化中却不多见，日本人甚至出现自我批评现象（Heine, Lehman, Markus, & Kitayama, 1999）。本研究中自我增强现象的出现既可能是内隐自尊效应作用的结果，也可能是新时期的中国年轻人不再拘泥于集体主义传统文化下的"自谦"行为，而更加强调独立个性、展示自我的体现。

EB2 分值与 0 存在显著差异，被试对男性失败事件的归因数量多于对男性成功事件的归因数量，符合刻板解释偏差，即人们认为男性是优秀的，期望男性获得成功，那么男性成功事件在他

们看来就是理所当然的事情,无须多加解释。而对于与预期不一致的男性失败事件则需要思考其背后的原因,寻找更多的理由,求得自我认知的平衡。

EB3 的分值与 0 不存在显著差异,说明被试对女性成功事件的归因数量与对女性失败事件的归因数量大致相同,不存在刻板解释偏差。似乎人们对女性不太关注,对女性的成败不抱太大期望,因而也就无法引起被试太多的归因数量差异。

二、对 EB 分数影响因素的分析

方差分析结果表明,事件性质的主效应不显著,被试对事件的解释总数量不因事件性质不同而变化。研究者仔细观察了每张 EB 问卷,发现不同被试的答题态度有很大的不同:有些被试很认真地填写问卷,详细地说明理由;有些被试每个理由只有短短几个字;有些被试搞"平均主义",每个项目的解释数量几乎保持一致;甚至有的被试每个项目只给一个解释。可见,被试的答题态度会影响 EB 测量的结果。不过,只要给出解释理由,就能够知道内—外归因性质,所以笔者认为具体分析被试的归因性质将会给我们带来更多的信息。

被试性别因素的主效应及其他交互作用均不显著,说明这种归因数量差异倾向在性别上没有差异。这种情况下出现的解释偏差具有跨性别的普遍性,与以往的研究结果一致。有趣的是,即使被试自身是女性,在女性成败事件的归因数量上也不存在显著差异,说明对女性的刻板印象根深蒂固,对人们的归因会产生潜移默化的影响。尽管在关于自我的事件上女性被试能够表现出与男性被试一样的无意识自我增强,可对女性他人事件上还是无法避免社会文化的影响。

三、内—外归因数量差异上的发现

正如上文提到的,具体分析被试的归因性质可能会给我们带来更多的信息。与"基本归因偏向"一致,被试的内归因数量要极其显著多于外归因数量,在中国人身上同样具有人们在西方人身上发现的归因偏向,人们总是高估自己的内在作用而忽视情境因素的作用。以往对基本归因偏向的解释中有一种说法,认为正是强调个人权利和义务、鼓励个人奋斗的社会标准或规范,社会对个人归因鼓励和赞许的态度,使得人们倾向于作出个人归因而不是环境归因。如果这种说法成立的话,那么这一结果可能反映了中国社会评价取向的变化;如果这种说法不成立的话,那么这一结果可能体现的是人的自我肯定本能。新时期的大学生们无论是获得成功还是遭遇失败,他们都勇于自我承担责任(归因于内在因素),将成功事件归因于个体内在的因素,可以自我增强,而将失败事件归因于内在因素,说明被试具有一定的客观性,能够正视自己的内在不足。

本研究发现了归因性质×被试性别的交互作用显著,表现为女性被试在完成该 EB 问卷时更多地采用内归因,而男性被试的内归因倾向不如女性被试那么明显。前人的研究(Feather & Simon, 1975; Deaux & Emswiller, 1974)证明,性别角色是导致个体归因方式差异的主要因素之一。男性被试倾向于将自己的成功归因于内部因素,面对失败时不愿意承认是自己个人原因,将它归因为外部因素。女性被试的归因会依任务的性质而变。是否男性被试比女性被试多出来的那部分外归因正好说明了男性的自我保护偏向？根据活动者和观察者的归因差异理论，当归因者是作为观察者或旁观者寻找他人行为的原因时，倾向于更多地作出个人归因，而忽视外部情境因素的作用；而当归因者作为活动者对自己的行为作出归因时，则倾向于更多地作出环境归因。男女被试归因性质上的这种差异，是否是男女被试归因时的观察视角不同所致？

在归因性质×事件性质的交互作用上，被试在成功事件上的内归因倾向要极其显著强于在失败事件的内归因倾向。一般来说，内控倾向往往与较积极地追求有价值的目标相联系，内控意味着对自己身边的人和事有掌控的能力，可以对事件产生影响。判断中的自我肯定倾向指出，人们倾向于对与预期一致的结果从自身内部找原因，将成功归结为自身的能力或努力，归因于自己，而对不理想的结果则从外部寻找原因，有时甚至会重构自己的判断或修正记忆内容以维持积极的自我形象。这种对成功的预期，不仅体现在自我事件上，而且泛化到他人事件上，即当事件成功时倾向于将其归因为能力或努力等内部因素，当事件失败时倾向于从外部寻找原因。

被试在自我事件上的内归因倾向最小，男性事件上的内归因倾向次之，女性事件上的内归因倾向最为明显。这一现象还是可以用活动者和观察者的归因差异理论来解释：在他人事件上，被试更可能以观察者的角度加以归因，因而出现更多的个人归因；在自我事件上，被试可能出现自我投射，在某些项目(特别是自我失败事件)上采用活动者的角度,因而出现部分环境归因。另一种可能是出于自我保护的目的,有研究表明,当面临自尊的威胁,对自己的能力存在不确定感时,任一种水平的外显自尊或内隐自尊个体都有可能进行外归因或采取行为的自我设障以自我促进或自我提高。

四、EB 测验与 SES 测验结果的实验性分离

虽然第十章和本章所用的 EB 问卷有所不同,但是本章的 EB 测验分数同样与 SES 得分之间不存在显著相关,出现内隐自尊、内隐他尊与外显自尊测量结果之间的实验性分离现象,这再一次证明 EB 测量方法在测量内隐自尊上的区分效度。内隐自尊与优势群体内隐他尊之间的联系体现在 EB1 分值与 EB2 分值的显著相关上,自我的优越感内隐地投射到了对优势群体的态度上。

五、EB 测验结果与眼动实验结果之间的关系

在第十一章的分析中已经知道,对兴趣区 1(主语人称)的第一次注视时间和对兴趣区 2(结果部分)的第二次注视时间都可能反映了较高水平、更高层次的加工,包括判断字词所反映的意义在语篇中的作用,以及将之与前文信息或与语境相关的一般背景信息进行的整合加工(王穗萍,黄时华,杨绵绵,2006)。本研究的结果没有发现 EB 分值与两个注视时间指标之间的相关,可能是因为完成 EB 问卷的信息加工过程不同于单纯阅读句子的认知过程,两者虽然都反映内隐态度,但是所反映的角度和侧面不同。

在 EB 测验结果与瞳孔大小方面,发现 EB2 与自我成败之间

存在显著负相关，EB3 与他成败存在显著负相关。瞳孔大小的变化既与动机、兴趣、态度等因素有关，又与完成认知任务时的信息加工负荷及任务难度有关（阎国利，2004；王葵，翁旭初，2006）。EB2 分值与自我成败的瞳孔指标存在显著负相关，从一定程度上说明了被试对男性的内隐态度与内隐自尊之间的关系。被试的 EB2 分值越高，越认为男性应该取得成功，其关注自我成功结果时的瞳孔越小于关注自我失败结果时的瞳孔；被试的 EB2 分值越低，越认为男性他人不应该获得成功，其关注自我成功结果时的瞳孔越大于关注自我失败结果时的瞳孔。瞳孔变大反映了人们对其进行了较多深层次的加工，赋予了更多的信息加工负荷；瞳孔变小说明人们对其不够关注，甚至可能是无意识地回避。一般说来，人们在希望自己成功的同时，会无意识地希望他人失败，这一相关说明了对自我的相对积极态度与对他人的相对消极态度。

EB3 分值与男性成败结果的瞳孔大小之间存在显著负相关。被试的 EB3 分值越高，越认为女性失败是理所当然的事情，其关注男性成功结果时的瞳孔越小于关注男性失败结果时的瞳孔；被试的 EB3 分值越低，越认为女性应该获得成功，其关注男性成功结果时的瞳孔越大于关注男性失败结果时的瞳孔。这一结果与实验预期不相符合，实验原本预期对女性的内隐态度越积极的被试可能越不会对男性成功事件多加关注，而那些对女性越存在刻板消极偏见的被试可能越看不惯男性失败。兴许这一出乎意料的结果也在告诉我们，EB 测量方法与眼动记录方法之间的不同，毕竟两种测量方法的实施过程和被试所需要完成的信息加工过程本身就有着很大的差异。结合其他研究的结果，将内隐自尊和内隐性别态度看成是一个多层次、多侧面、多维度的结构可能是更加合适的解释。另一种解释的可能就是：信息的编码和选择性注意和暴露有关,个体对威胁在最初的注意后即时对其采取长久的回避,同时会有选择地接触能证明其事前决策合理的信息。EB3 分值高的被试,对男性失败结果的最初注意引起了瞳孔的变大,但随后会对其采取回避态度,以保护自己对男性的积极态度,与对女性的消极刻板印象一致。

第五节 结 论

综上所述,可以得出以下五点结论：

(1) 被试对自我成败事件的归因数量存在极其显著差异,对男性成败事件的归因数量存在显著差异,体现了解释偏差效应。

(2) 不管是男性还是女性被试,在归因总数量上都没有发现人们对成功的偏好。

(3) 内归因数量极其显著多于外归因数量,验证了"基本归因偏向",男性被试的内归因倾向不如女性被试显著,对成败事件的内归因倾向差异体现了"自我服务偏向",但对不同人称的内归因倾向有差异。

(4) 本研究中 EB 测验所测得的内隐自尊与 SES 测验测得的外显自尊出现实验性分离,验证了 EB 测验的区分效度。

(5) EB 测验与眼动记录指标之间,只发现 EB 分值与瞳孔大小之间的相关。

第十三章
总讨论

第一节 关于不同实验范式下观察到的内隐自尊效应

内隐自尊是对同自我相连或相关的事物作评价时,一种通过内省无法识别出(或不能正确识别出)的自我态度效应,即作出积极自我评价的倾向(Greenwald & Banaji, 1995)。内隐自尊是针对主体自我的一种无意识的评价或态度,是自我态度长期累积形成的自动化状态,而且往往表现出一种积极倾向。内隐自尊的预期效应通常是,当事物与自我建立联系时个体就会对其产生积极的评价。Greenwald 和 Banaji(1995)归纳的三大类内隐自尊效应,既包含人为建立起来的新异刺激或对象与自我之间的联系所产生的内隐性积极偏好,也包括先天存在的刺激或对象与自我之间的联系所造成的内隐积极偏好,还包括个体作出与自我有关推理判断时的内隐倾向。

正是由于内隐自尊效应有着多种不同的表现方式,因而也有着各种不同的内隐自尊测量方法。内隐自尊测量方法与范式的理论假设是:人们对与自我相关联刺激的评价受其对自我无意识积极评价的影响;一旦遇到态度对象,自我评价会被自动激活,使某种特定的情感处于自动化加工状态,从而促进对与该情感一致目标词的识别或加工等(Bosson, Swann, & Pennebaker, 2000)。

本研究在总结已有内隐自尊测量方法的基础上,使用了GNAT实验范式、语句GNAT实验范式、EB实验范式、ERP技术及眼动记录技术来测量内隐自尊效应。

在研究一(第八章)中,使用GNAT实验范式,分成信号词设定为自我+积极词或自我+消极词两种条件,结果发现自我—积极条件下的感受性指标 d' 极其显著高于自我—消极条件下的感受性指标 d',自我—积极条件下的反应时极其显著短于自我—消极条件下的反应时。ERP数据显示,Fz点上自我—消极条件下引起的N2潜伏期显著短于自我—积极条件下引起的N2潜伏期,在Fz、Cz和Pz各点上自我—积极条件下的P3潜伏期显著长于自我—消极条件下的P3潜伏期,自我—积极条件下的P3振幅显著大于自我—消极条件下的P3振幅。无论是外显行为数据还是ERP所提供的生理指标都明显体现了内隐自尊效应,个体无意识地表现出对自我及相关信息的积极评价倾向,说明在个体的认知结构中,将自我和积极属性联系在一起,自我和积极之间有着强烈、紧密的联结。

在研究二(第九章)中,创新地使用了语句 GNAT 实验范式,要求被试对人称为"我"的语句作按键反应,结果发现比人称为"他人"的语句条件下更高的 d' 值。不过这只能说明自我相关信息更容易被知觉和辨识,在被试的认知框架中"自我"概念的位置更突出,并不能说明自我与积极概念之间的联结。这一实验范式更能反映被试自我积极偏好的指标是被试以人称为"我"作为信号词时对成功事件语句及失败事件语句的反应时差异,及被试以事件性质"成功"或"失败"为信号词时对"自我"语句及"他/她"语句的反应时差异。结果显示,当信号类别为"自我"时,自我成功事件的反应时显著短于自我失败事件的反应时,说明即使在内隐认知情况下,自我成败信息也会无意识地发挥作用,使得被试能够更快识别确认自我成功信息,体现了对自我的内隐积极态度,即内隐自尊效应。不过在信号类别为事件性质时未发现"自我"语句的反应时优势。

大量研究表明,内隐自尊与个体当前的情绪、动机和认知资源等密切相关,会受到实验情境的影响。虽然早期的研究者认为内隐认知完全不需要意识和注意的参与,是一种自发的机制,但是近年来研究者越来越认识到内隐认知与外显认知的区别不仅仅在于认知过程中的意识参与程度,更重要的是在于认知的非直接目的性、自动加工性和心理资源的节约性上。对此,笔者认为,自我成败事件的反应时差异确实是在非直接目的认知的情况下发生的,也确实属于自动性加工;而信号类别为事件性质条件与信号类别为自我条件的不同就在于任务难度差异,前者所需的注

第十三章 总讨论

意认知资源要多于后者,在认知资源严重不足的情况下自动化加工也是无法进行的。因而,研究者认为内隐自尊效应依内隐深度不同存在很多不同的层面,其出现还是需要一定的认知资源,当认知资源不同时其内隐自尊效应可能出现不同。

在 ERP 数据中,研究者发现信号类别为"自我"时的 P3 潜伏期和振幅都表现出显著的事件性质主效应,即自我失败句的 P3 潜伏期要短于自我成功句的 P3 潜伏期,且自我失败句的 P3 振幅要大于自我成功句的 P3 振幅,与前人研究结果相符。可见,内隐自尊效应在更深层次的内隐层面上发挥作用时在生理指标上也有表现,从另一个侧面说明了内隐自尊效应的自动化及无意识性。

在研究三(第十章)中,使用解释偏差技术,考察人们对自我成功事件与自我失败事件的解释数量差异。结果发现被试对自我成功事件的归因数量要远远少于对自我失败事件的归因数量,说明在潜意识中,自我概念与成功概念之间的联系紧密,人们总是期望自己获得成功,自我失败是与预期不一致的行为,因而会出现更多的解释数量,反映了内隐自尊效应。对内—外归因性质的具体分析发现,被试将自我成功事件归因于个人内部因素,而将自我失败事件归因于外部环境因素,体现了判断中的自我肯定倾向和自我服务归因偏向,能够保护自我作为知识结构的完整性,具有维护和促进自尊的功能,体现了次级内隐自尊效应。

在研究四(第十一章)中,希望在自然阅读情境中发现内隐自尊效应,考察了不同兴趣区的第一次注视时间、第二次注视时间和瞳孔大小。结果发现,对自我成功句子中"我"的第一次注视时间长于对自我失败句子中"我"的第一次注视时间,接近显著水平;对自我成功句子中结果部分的第二次注视时间长于对自我失败句子中结果部分的第二次注视时间,接近显著水平;注视自我成功句子中结果部分时的瞳孔大小显著大于注视自我失败句子中结果部分时的瞳孔大小。前文已经提及,虽然被试大多只对主语部分进行了一个注视,但其反映的却可能是深层次的加工。可见,被试在实验任务与事件性质毫无关系的情况下,也就是认知无直接目的性的情况下,对自我成功句更感兴趣,花更多时间和注意资源在自我成功事件上,进行较高水平、更高层次的加工,也是内隐自尊效应的一种表现。

在研究五(第十二章)中,使用依据被试的知识背景和生活阅历重新编制的解释偏差(EB)问卷,同样发现了被试对自我成功事件与自我失败事件之间的解释数量差异,说明自我解释偏差的存在。不过与研究三不同的是,被试对自我成功事件的归因数量显著多于对自我失败事件的归因数量,而且无论对自我成功还是自我失败,被试都存在内归因偏向,只是自我成功时的内归因倾向更明显。从表面上看,似乎这样的结果与内隐自尊效应相违背,但是仔细分析被试的具体归因内容会发现,被试对自我成功事件的归因中大量是对自己能力或努力等方面的内归因,说明被试在归因过程中有意无意地努力证实自己的实力,显示出自我展示、自我增强等的影响,也不失为内隐自尊效应的另一种表现方式。Anderson(1999)研究发现,在中国人身上不易观察到自我服务偏向,但佐斌、张阳阳(2006)认为并不是中国人不存在自我增强动机,而是更含蓄、更隐蔽,不易直接观察或测量出来,但内隐测量手段或许可以做到。研究五中的发现可能正是EB方法有效性的体现。

虽然在各个实验范式的测量指标上其表现各不相同,但是整个实证部分的五个研究都观察到了内隐自尊效应,而且表现相当显著。内隐自尊概念本身就是长期实践观察与实验研究的经验总结,是对既往大量支持内隐自尊效应研究的梳理。它们都具有一个共同特点,即当某人、事或观点以某种方式与自我建立直接或间接联系之后,个体会对其产生积极、肯定的评价或偏好,个体对自我无意识的积极评价将影响其对与自我相关事物的态度。实证部分的五个研究结果也都符合这个共同特点,不管是积极词汇还是成功事件,当其与自我建立联系之后,个体对它们的知觉就会变得敏锐,对它们的反应就会变快;同样的一个事件,只因为和自我有关,个体就会对其进行不同的归因;同样的一句话,只因人称是"我",个体的注视时间及注视时的瞳孔大小就会有所差异。

第二节 各种内隐自尊测量方法的信效度

Bosson、Swann 和 Pennebaker(2000)曾经对六种内隐自尊测量方法的信度和效度进行了检验和比较,发现在不同的测量之间结果差异很大。在内在一致性上,IAT、阈下态度启动任务、内隐自我评价调查、首字母和生日偏好任务都表现出较好的内在一致性信度(0.49—0.88);重测信度上,IAT、姓名首字母偏好和生日日期偏好表现尚可。在聚合效度上,不仅信度不好的测量方法与可信的测量方法之间没有显示出聚合效度,而且即使是可信的内隐测量方法彼此之间只存在低相关,甚至是负相关(rs=-0.11至0.23);在区分效度上,内隐自尊与外显自尊彼此相对独立,说明这些方法具有一定的辨别效度;在预测效度上,只有IAT与Bosson等人选定的效标之间具有相关。其他研究也从某一角度探讨这些内隐自尊测量方法的信效度,并得出了类似的结果(如Greenwald & Farnham, 2000; Koole, Dijksterhuis, & van Knippenberg, 2001; Farham et al., 1999; Hetts et al., 1999; Pelham & Hetts, 1999)。

由于本研究使用的方法相对比较新颖,对它们的信效度探讨还不是很多。Nosek(2001)揭示GNAT的分半信度为r=0.20,在内隐测量方法中属于中等水平;还发现GNAT与IAT方法之间的弱相关,认为是由于GNAT与IAT方法各自设计的独特方面引发了内隐社会认知实质上的不同方面。杨福义(2006)发现GNAT自我态度与IAT存在微弱正相关,与外显测量间不存在显著相关。俞海运(2005)研究发现SEB方法具有一定的预测效度,与IAT及外显测量之间不存在显著相关,这些都验证了内隐自尊测量方法具有较好的区分效度。

本研究发现,语句GNAT方法、EB测量方法及眼动记录方法这三种内隐自尊测量方法与外显自尊测量方法(Rosenberg自尊量表,即SES)之间都不存在任何显著相关,说明内隐自尊与外显自尊之间彼此是相对独立的,本研究尝试使用的新方法都具有一定的辨别效度。在聚合效度上,考察了不同内隐自尊测量方法之间的相关,结果并没有在研究三中发现 GNAT 的内隐自尊指标与 EB1 之间的显著相关,也没有在研究五中发现 EB1 与眼动数据指标之间的显著相关,说明单从测量内隐自尊的角度来说,本研究采用的三种内隐测量方法之间并未显示出聚合效度,与 Bosson 等(2000)的结果一致。

尽管这样的结果与研究者的设想存在差距,而且从传统心理计量学指标上来看也并不让人十分满意,可能与较小的样本规模有关,但是作为一种全新的尝试,它还是成功的,每一个分研究都有着自己的闪光点。一方面,研究者可以在今后的内隐自尊研究过程中改进测量方法;另一方面,研究者可以对内隐自尊的本质有更多的思考。Bosson 等(2000)曾撰文指出,不同内隐社会认知测量方法之间相关较小,并据此推测不同内隐测量方法所测量的是记忆中复杂网络联结的不同方面。内隐自尊本身可能就是一个具有多个侧面的复杂结构,内隐自尊测量就像"盲人摸象"一样,不同的测量方法只能触及其中的某一个侧面:有些测到的是个体对自我的内隐态度,有些则是测到内隐自尊效应,即间接的内隐自尊引发结果。本研究带给人们的思考是,内隐自尊可能不仅具有多个侧面,而且具有不同的层次和深度,不同的测量工具能够深入的程度不同,同一测量工具在不同情境下的接触层面也可能不同,以往出现的一些矛盾和困惑也就可能得以解释。例如,研究二中"自我"作为信号类别时无意关注事件性质却产生了影响;又例如同样是 EB 测验,在与另外两种测量方法分别结合时却得出了相反的结果。这些将在后面的讨论中加以阐述。

第三节　内隐自尊与内隐他人态度的关系

区分自我与他人是人类社会生活中最重要的分类。在内隐自尊的研究中,研究者常常使用"他人"或"非我"作为参照对象,以观察到"自我"相关信息在反应时、正确率、评价等级等各方面的优势表现来检验内隐自尊的存在。这种研究理念的基础就在于:大量研究提示,社会认知和自我相关思维可能依赖于同一认知过程,理解自我是理解他人的一个必备成分。Decety 等人(2003)基于社会认知神经科学的研究甚至提出了一个自我与他人共享的神经网络。不过,这类研究思路都将"自我"与"他人"置于相对的位置,似乎对"自我"的积极态度就意味着对"他人"的消极态度,似乎要提高自尊就需要贬低他人,这是一种西方文化下的习惯思维。

Markus 与 Kitayama(1991)认为,以西方社会心理学的观点来看,个体应是以自己的特性与他人相互区别的自主实体,在这种文化下他人只是个体进行社会比较的对象,比较的目的不过是为了更好地了解自己的内在特性。而许多东方文化中具有保持个体之间相互依赖的机制,在这种文化的影响下强调个体与他人的联系与依赖,个体有关自我知觉的信息一般来自重要他人以及自我与他人的关系。在西方文化中,自我参照的回忆成绩优于母亲参照、他人参照和一般语义加工的回忆成绩,而中国人母亲参照与自我参照无论在记忆成绩上,还是在自我觉知程度上都非常类似(朱滢、张力,2001),这可能说明母亲是集体主义自我图式的一部分(Markus & Kitayama, 1991),中国人的自我认知结构比西方人丰富,这种认知结构有益于信息的加工和提取。尽管研究发现文化差异的存在,不过在内隐层面上是否同样存在这种文化差异呢?是否中国人对自我的内隐态度与对他人的内隐态度之间也有着与西方人的不同之处呢?先一起来看看本研究中涉及的内隐他人态度。

在研究一中,使用 GNAT 实验范式,发现他人—积极与他人—消极两种条件之间的感受性指标 d' 存在极其显著差异,但两者的反应时之间不存在显著差异。ERP 数据显示,Fz 点上他人—消极条件下引起的 N2 潜伏期显著长于他人—积极条件下引起的 N2 潜伏期,在 Fz、Cz 和 Pz 各点上他人—消极条件下的 P3 潜伏期显著长于他人—积极条件下的 P3 潜伏期,但他人—消极条件下的 P3 振幅与他人—积极条件下的 P3 振幅不存在显著差异。这样的结果暗示,被试对一般他人存在内隐消极态度偏向,在认知结构中一般他人概念确实与消极属性相连结,只是因为他人—消极之间联结强度远不如自我—积极之间的联结强度强,因而在外显行为数据和 ERP 所提供的生理指标上都只有部分体现。

在研究二中,在语句 GNAT 范式下,被试在信号类别为"自我"时的感受性指标 d' 高于信号类别为"他人"时的感受性指标 d',说明"他人"概念在个体的认知结构中不如"自我"概念凸显。在信号类别为"他人"组块中,观察到他人成功事件的反应时显著短于他人失败事件的反应时,但在研究一中并没有发现这样的差异。究其原因,两个研究的实验情境不同、任务难度不同,研究二需要从整句话中检索出"他人"这一信息,事件性质这一信息属于无意识认知层面,并不特别占用注意资源,但它确实在比研究者预期更深的内隐层面上发挥作用,影响着人们对积极信息的偏好。可见,个体并不是在所有时候都对他人持内隐消极态度,只有被试在意识层面或潜意识层面上存在自我与他人的相对比较才会激起"自我增强动机",表现出对他人的消极态度。在信号类别为事件性质时的反应时指标及 ERP 数据上均未发现人称因素的主效应和事件性质×人称的交互作用,也是这一观点的佐证。

在研究三中,从 EB2(=HSH-HCH)、EB3(=SHCH-SHSH)分值上未发现对男女性的内隐性别刻板印象,也就是说被试对男性成败事件和女性成败事件的归因数量未受到行为者性别因素的影响。这说明由于个体的认知结构中,自我图式较他人图式要丰富得多,当自我与他人不发生冲突时,个体对他人事件既没有积极的预期也没有消极的预期。对内—外归因的具体分析发现,无论语句人称是自我还是他人,被试都更倾向于将成功事件归因于内部因素,对自我和男性他人失败事件无明显归因偏好,但对女性他人失败事件存在内归因偏向,再加上 EB1(=SSH-SCH)分值与 GNAT 中内隐女性态度指标的显著相关、EB1 分值与 EB2 分值之间的显著相关,说明内隐自尊与内隐男性、女性态度之间有着一定的联系。自我积极并不总是与他人消极联系在一起的,而是要考虑他人的性别和社会地位。Sekaquaptewa 与 Espinoza(2004)

第十三章 总讨论

发现,只有低社会地位群体成员从事与刻板印象不一致的行为才会引发信息加工上的偏差,而高社会地位群体成员不管从事与刻板印象一致或不一致的行为都不会导致信息加工上的偏差。在本研究中,被试的内隐自尊在一定程度上与对社会优势群体男性的内隐积极态度相一致,但是并不能认同社会弱势群体女性的成功,而且越是认为自己优秀的人越不能接受他人的成功,特别是处于社会弱势群体的女性的成功;而不那么认为自己与众不同的人,对他人的态度更为宽容,失败事件内归因的刻板解释偏差只出现在社会弱势群体女性身上。葛明贵(1998)的研究也发现,对待男女角色特征的认知,人们普遍存在着对女性严格苛求、另眼相看的内隐刻板印象,这种刻板印象是主体未能清晰意识到的。

在研究四中,在第一次注视时间上,虽然对自我成败句人称部分的注视时间有差异,但是未发现他人成败语句上注视时间的差异;在第二次注视时间上,既发现对自我成功句子中结果部分的第二次注视时间近似长于对自我失败句子中结果部分的第二次注视时间,又发现对他人成功句子中结果部分的第二次注视时间相对短于对他人失败句子中结果部分的第二次注视时间;在瞳孔大小上,既发现注视自我成功句子中结果部分时的瞳孔大小显著大于注视自我失败句子中结果部分时的瞳孔大小,又发现注视男性成功句子中结果部分时的瞳孔大小显著小于注视男性失败句子中结果部分时的瞳孔大小。根据第一次注视与第二次注视反映的心理加工层次不同,可以推测个体在较低层级加工时并未引发自我与他人的对立,对他人持中性态度,而较高层级语意信息整合过程中进行的更多深度加工,引发了自我觉知,造成了对他人的消极内隐态度,人们在希望自己成功的同时,会无意识地希望他人失败,这点在瞳孔大小上也得到了体现。

在研究五中,看到了对自我和男性他人相反的解释偏差。被试一方面对自我成功事件大量进行自己能力或努力等方面的内归因,努力证实自己的实力;另一方面认可男性他人的成功,寻找更多理由来解释男性他人的失败。而且被试在成功事件上的内归因倾向要极其显著强于在失败事件上的内归因倾向,可见在这一实验情境中被试在整体上对他人的内隐态度是积极的,只是通过自我展示、自我增强来提升内隐自尊,并不贬低他人来抬高自己,但对女性他人的关注程度就不如男性他人高了。EB2 与自我成败瞳孔指标显著负相关,上一个研究中就提到瞳孔大小可能与较高层次的信息加工有关,那么积极内隐自尊与消极男性态度之间的关系就很容易理解,在一定认知负荷下,人们希望自己成功的同时,会无意识地希望他人失败。EB3 与男性他人成败瞳孔指标存在显著负相关,推测 EB3 分值高(即对女性持消极刻板印象)的被试,对男性失败结果的最初注意引起了瞳孔的变大,但随后会对其采取回避态度,以保护自己对男性的积极态度,与对女性的消极刻板印象一致。

分析和比较五个分研究中内隐自尊与内隐他人态度的关系可以推断,在个体的认知结构中确实存在社会知识结构(social knowledge structure, SKS),"自我"概念居于这一社会知识结构的核心位置,"他人"概念也在这一结构中占有一席之地,只是他人图式远没有自我图式那么丰富。人们对自我和他人的态度可能是两个不同的认知加工系统。个体并不是在所有时候都对他人持内隐消极态度,也不是对所有他人都持内隐消极态度,不仅要考虑具体情境中自我与他人的关系是否对立冲突,内隐自尊是否受到威胁,也要考虑他人的性别和社会地位。具体有以下三种情况:

(1)当自我与他人不发生冲突时,个体对他人持中性态度,既没有积极预期也没有消极预期,甚至可能在内隐积极偏好的作用下对他人同样持内隐积极态度,当然对社会优势群体男性和社会弱势群体女性的态度会有所不同。

(2)当个体感到自己的内隐自尊受到威胁,但未感到威胁是来自他人的比较时,被试会通过自我展示、自我增强、外归因或采取行为的自我设障等行为来提升内隐自尊,并不必然产生贬低他人来抬高自己的现象。

(3)当实验情境让个体在意识或潜意识层面意识到自我与他人正在进行比较,比较结果可能威胁内隐自尊,而且有少量认知资源允许个体对信息进行深层加工时,个体会出于自我保护动机,引发对他人的消极内隐态度。

第四节 性别对内隐自尊及内隐他人态度的影响

在内隐自尊方面,大量研究表明,自我肯定效应具有普遍性,不因性别和种族而变(Greenwald & Farnham, 2000)。Greenwald等(2000)发现评价性 IAT 效应和情感性 IAT 效应在性别和种族之间无显著差异。Aidman 和 Carroll(2003)的研究发现,男性被试和女性被试对自我—积极概念组合反应比对非我—积极概念组合要快,体现了相当程度的自我肯定。张镇、李幼穗(2005)对不同年龄阶段与不同性别的青少年的内隐自尊加以测量,发现内隐自尊在青少年中普遍存在,不随年龄变化而改变。但也有研究发现性别会对内隐自尊造成影响。Kitayama 和 Karasawa(1997)发现,219 名日本大学生中男性对他们家族姓氏首字母的偏好明显强于女性。Pelham 及其同事(2005)发现,女性的内隐自尊与外显自尊之间的联系比男性要强。

在性别与内隐他人态度方面,Rudman 等(2000)发现男性和女性都有自我性别偏好内隐刻板印象。Rudman 和 Heppen(2003)报告了女性浪漫认同和自尊(都用 IAT 测量)之间的关系。Nosek,Banaji 和 Greenwald(2000)发现男性和女性都更多地把数学与男性相联系,而且女性在自我与数学间的联系上表现得比男性要低。Cook,Park 和 Greenwald(2000)扩展了 Nosek 等(2002)的结果,报告男性也比女性更多地把自我与科学和工程领域相联系。俞海运(2005)发现,SEB 检测到的内隐性别刻板印象没有性别差异,不管是男性被试还是女性被试都认同"女性不如男性优秀"的内隐性别刻板印象;但是 IAT 检测到的内隐性别刻板印象存在极其显著的性别差异:在男性被试的概念网络模型中,男性和优秀属性联系得更紧密,在女性被试的概念网络模型中,女性和优秀属性联系得更紧密。

Greenwald 等人(2002)将内隐自尊与内隐态度、内隐刻板印象、内隐自我概念相整合,构建新的理论框架,提出了内隐态度、内隐刻板印象、内隐自尊和内隐自我概念的整合理论。该理论认为,存在社会知识结构,自我概念就是"自我"节点与社会角色和特质属性等概念之间的联结;自尊是"自我"节点直接或通过自我概念各成分间接与正负效价联结的集合;刻板印象是群体概念与属性概念的联结;而态度则是社会概念直接或通过刻板印象各成分间接与正负效价联结的集合。其中,内隐态度和内隐刻板印象是以内隐自尊和内隐自我概念为基础的,内隐自尊越强,内隐自我概念越牢固,内隐态度就越积极。之后,Aidman 和 Carroll(2003)依据 Greenwald 的整合理论,使用 IAT 方法来测量内隐自尊、性别认同和性别态度,检验内隐性别偏好是否依赖于内隐自尊和性别认同的个体差异。结果发现,个体的内隐性别偏好可以由内隐自尊、内隐性别认同及两者的交互作用来预测,而外显性别认同和外显自尊的预测作用并不理想。

在研究一中,虽然 GNAT 实验范式下未发现男女被试在 d' 和反应时上的差异未达到显著水平,但是从柱状图上还是可以看出男性被试与女性被试反应的某些不同。在 ERP 数据上,信号类别为"自我"时,男性被试在自我成败语句上的 P3 潜伏期大致相同,而女性被试对自我失败句的 P3 潜伏期要短于自我成功句的 P3 潜伏期;信号类别为"失败"时,女性被试的 P3 潜伏期显著长于男性被试的 P3 潜伏期;对信号类别为"成功"和"失败"下的自我句,男性被试对自我失败句的 P3 潜伏期要短于自我成功句的 P3 潜伏期,而女性被试在成败情况下对自我句的 P3 潜伏期大致相同。这些结果暗示,女性被试更容易在潜意识上意识到自我失败并产生本能的抗拒,而男性只有在意识上意识到失败信息时才会有反应。

在研究二中,被试性别因素的主效应及其他交互作用均不显著,说明归因数量差异倾向及内归因偏好在性别上都没有差异,解释偏差具有跨性别的普遍性,无论男女,在潜意识中总是自己获得成功,为自己的失败找出更多理由,与内隐自尊的普遍性一致。另一方面,不管是男性被试还是女性被试,都对女性他人失败事件存在内归因偏向,更多地将女性失败的原因归结为女性自身因素,认为女性不够优秀。俞海运(2005)使用SEB方法极其显著地检测到了内隐性别刻板印象,而且"女性不如男性优秀"的内隐性别刻板印象不存在显著的性别差异。徐大真(2003)的内隐性别刻板印象研究也得出了一致的结论,女性和男性都认为男性比女性要更优秀一些。这可能是由于在这个以男性为主导的社会环境中,社会文化都潜移默化地影响着人们对男性和女性能力、贡献以及价值等的评估。

在研究三中,男性对成功句子中结果部分的第一次注视时间略短于对失败句子中结果部分的第一次注视时间,女性对成功句子结果部分的第一次注视时间略长于对失败句子结果部分的第一次注视时间;男性注视成功句子中主语部分时的瞳孔大小略大于注视失败句子中主语部分的瞳孔大小,女性注视成功句子主语部分时的瞳孔大小显著小于注视失败句子主语部分时的瞳孔大小。这说明男性被试倾向于更快对成功事件形成心理表征,女性被试倾向于更快对失败事件形成心理表征。Feather与Simon(1975)发现,不管活动者实际上是男性还是女性,凡是失败者都被评价为比成功者更女性化;男性在归因上的自我服务偏向比女性强烈得多(俞海运,2005)。男性总是被知觉为和成功联系在一起,在现实生活中也体验到了更多成功,而且男性比女性对成功具有更高的期望。长期以来性别角色潜移默化的影响作用,使得男性能容易识别成功事件,而女性在现实生活中的失败体验,使她们对失败事件更加敏感。

在研究四中,再次发现了解释偏差跨性别的普遍性,与研究三的结果一致。男女被试都对男性成败事件表现出刻板解释偏差,但对女性他人成败事件则并未表现出刻板解释偏差。这说明"男尊女卑"传统文化根深蒂固,女性被试自身无法避免其对归因的潜移默化影响,和男性被试一样认同"男性应该成功"的刻板印象,一样对女性成败抱无所谓的态度。胡志海(2005)甚至提出,女大学生在进行社会认知时仍在无意识中受到刻板印象的影响,对同性的成功常持怀疑、轻视甚至否认的态度,而对异性的成功则抱积极、欣赏、尊重的态度。这种内隐刻板印象会直接影响到她们将来的职业定位、价值取向、职业生涯期望值等,她们会更习惯于将自己定位为弱者、追随者,不敢积极争取、不愿参与激烈竞争。这可能是造成女大学生就业难的一个重要的主观障碍。

以上提及的被试性别对实验结果的影响作用是很值得人们思考的。虽然在男性被试和女性被试身上都存在显著的内隐自尊效应,但是内隐他人态度与内隐自尊的关系并不完全像Greenwald等人(2002)认为的那样,内隐自尊越强,内隐自我概念越牢固,内隐态度就越积极。可能在男性被试身上存在内隐自尊与内隐男性积极态度之间的一致性,而在女性身上却会出现内隐自尊与内隐女性消极态度之间的冲突。尽管使用 IAT 方法，Rudman 等(2000)、俞海运(2005)和胡志海(2005)等都发现男性和女性均有自我性别偏好内隐刻板印象，基于归因理论的 SEB 方法还是得出了不同的结论。已有研究显示，虽然女性与男性相比在自我报告测量中对性别认可较平等的信念(Banaji & Hardin, 1996)，但是当性别相关信念被内隐测量时，女性表现出和男性同样强度的内隐性别刻板信念(Banaji & Hardin, 1996; Blair & Banaji, 1996)。对此，研究者的一种解释是由于 SEB 和 IAT 测量方法的差异，IAT 测量的是概念与属性之间的联系，将这些联系所存在的性别差异泛化为被试头脑中的性别刻板印象的性别差异是值得商榷的，而 SEB 方法包含丰富的社会情境，能够自然激发人的归因行为，是动态的信息加工过程，其对态度差异的解释可能更有说服力。另一种解释是，女性被试的内隐性别刻板印象的隐蔽性更高，女性被试在 IAT 中未曾丝毫表现出的性别刻板印象在 SEB 中暴露无遗，进一步证明了 SEB 方法在内隐研究中的优势。这样的解释，与研究者在前文中提到的内隐自尊效应存在不同深度的内隐层面有着异曲同工之处。

第五节　关于内隐自尊的生理机制及 ERP 技术的运用

脑成像及神经心理学等方面的研究工作证实，杏仁核、前额叶、颞上沟、扣带前回等在社会认知中发挥着特殊重要的作用。

第十三章 总讨论

在自我相关神经机制方面,"自我相关信息和自我知识的加工被认为是不同于其他'客观'信息加工的"(Kircher, Senior, Phillips, et al., 2000),"心理理论和自我至少部分涉及单独的神经机制"(Vogeley, et al., 2001),甚至被认为是有别于对他人及其心理状态相关信息的加工。众多的关于自我参照加工的脑成像研究表明,自我信息的加工激活了内侧前额叶(medial prefrontal lobe)(Craik, Moroz, Moscovitch, et al., 1991)。新近的脑成像研究提示,理解他人心理与理解自我心理之间存在着某种联系(Mitchell, Mason, Macrae & Banaji, 2006)。关于个体如何理解他人心理有一种有影响力的理论,认为个体关于自我心理的知识能够被成功地用于推断他人的心理(Davis & Stone, 1995a, 1995b)。有趣的是,为理解他人和理解自我服务的大脑区域中存在大量重叠。脑成像研究揭示,扣带前回既与自我的表征又与他人的表征有密切联系(Frith & Frith, 2003)。Decety 等人(2003)基于他们社会认知神经科学的研究甚至提出了一个自我与他人共享的神经网络。这些研究暗示社会认知和自我相关思维可能依赖于同一认知过程,可以聚焦到一种观念,那就是理解自我是理解他人的一个必备成分。

研究一和研究二中都使用了 ERP 技术记录 GNAT 实验范式下产生的脑电波,希望借此对内隐自尊及内隐他人态度的生理机制进行初步探讨。信号类别及电极位置的影响只出现在 N2 和 P3 这样的晚成分和慢波上,不出现在 P1、N1、P2 这样的早期和中期成分上。这可能说明,所给刺激在物理属性(强度、类型、频率等)等方面具有一致性,因而涉及视觉加工这一较低认知功能水平的早期阶段时间进程及加工程度基本一致,而实验情境引发了高级认知水平的心理因素变化,确实能为研究人类认知过程的大脑神经系统活动机制提供有效的理论依据。

在前面的讨论中我们已经知道,研究一中自我—积极条件与自我—消极条件引发了 Fz 点的 N2 潜伏期和 Fz、Cz 和 Pz 各点的 P3 潜伏期及振幅上的差异,为内隐自尊效应找到了生理基础,说明在神经水平上自我概念与积极评价联结紧密。大脑对自我积极信息给予更多关注,投入更多的注意资源,进行深度加工并加以整合,符合"自我肯定动机"和"自我提升动机"的价值倾向性,使自我概念和积极评价之间形成更加强烈、紧密的联结。在他人—消极条件与他人—积极条件之间同样出现了 Fz 点的 N2 潜伏期和 Fz、Cz 和 Pz 各点的 P3 潜伏期及振幅上的差异,体现了他人概念与消极评价之间一定的联系。就电极位置而言,P3 振幅的信号类别差异在 Fz 点表现最为明显,Cz 点次之,Pz 点无显著表现,再加上 N2 潜伏期的差异只出现在 Fz 点上,提示额区在概念联结加工中发挥作用。张力等(2005)的研究表明,当和他人/语义比较时,自我参照激活了内侧前额叶和扣带回。

研究二中,信号类别为"自我"时成功句与失败句之间在 P3 潜伏期和振幅上都表现出显著差异,在生理水平上体现了内隐自尊效应更深层次的影响作用。在 P3 潜伏期上,男女被试对自我成功句及失败句都有不同表现,这些差异是在行为数据上没有体现出来的,为研究者探讨内隐自尊的生理机制及男女性别差异提供了新的线索。在 N2 潜伏期和振幅及 P3 的振幅上所表现出来的电极位置效应,极可能与这些 ERP 成分的脑内源有关。

本研究较好地运用了 ERP 方法在时间分辨率上的优势,将其与传统的行为测量指标——反应时相结合进行认知过程研究,增加了关于认知加工时间进程及信息加工强度方面的信息,有助于补充内隐自尊及内隐他人态度神经机制方面的实验证据。由于 ERP 具有空间分辨率较低的局限,不能对信息加工的位置进行精确定位,如能与 fMRI 方法相结合,则可以预期能够得到更有价值的结论。

第六节 关于 GNAT 研究方法

在本研究中,研究者不仅使用了传统 GNAT 研究方法,而且对其进行了创新性的探索,发展出更具有现实情境性、能够将内隐态度加以分层的语句 GNAT 研究方法,以提高实验研究的生态效度及内隐性质。

传统 GNAT 研究方法是 Nosek 和 Banaji(2001)在 IAT 方法的基础上发展出来的内隐社会认知研究方法。它是对 IAT 方法的有机补充,引入了信号检测论的思想,使得测量指标不再是单一的反应时指标,错误率所包含的信息也得以体现,反应速度与反应准确性之间的平衡关系也受到了关注。传统 GNAT 方法的另一特点就是可以单独考察单一目标类别与属性概念之间的联结程度,反映的不再是对两类相应类别的相对态度,而是对单一对象的绝对评价。将其用于内隐自尊研究,不仅可以探测到个体对自我的内隐态度,而且可以同时探测到个体对他人(非我)的内隐态度,具有比 IAT 更多的灵活性和更广的适用范围,可谓是一举两得。在研究一中,传统 GNAT 方法的运用确实很好地测量出被试对自我的内隐积极偏好和对他人的内隐消极态度,而且发现前者的态度强度要强于后者。

不过,尽管在传统 GNAT 实验中内隐自尊和内隐他人态度是分别测量的,在整个实验过程中仍然可以让被试感受到自我与他人的对比关系,仍然可以让被试感觉到他人积极对自尊的威胁。正如笔者在前文中提到的那样,个体并不是在所有时候都对他人持内隐消极态度,只有实验情境让被试在意识层面或潜意识层面上意识到自我与他人正在进行比较,比较结果可能威胁内隐自尊,而且有少量认知资源允许个体对信息进行深层加工时,才会激起个体的"自我增强动机",出于自我保护动机而表现出对他人的消极态度。

由于传统 GNAT 方法是 IAT 方法的变式,因而对它的质疑还来自对 IAT 方法的质疑。Karpinski 和 Hilton(2001)提出环境联结模型(environmental association model)认为,IAT 反映了社会文化中概念与概念之间的联结强度,而非个体的倾向性,表现的是个体所掌握的社会背景知识而非个体真实信念,与现实生活有一定的距离。俞海运(2005)提出,IAT 的操作过程中被试只是对单一刺激作出反应,这种反应是否代表了对刺激所指代的更广的靶概念、靶群体的态度,是值得商榷的。

创新的语句 GNAT 方法以具有一定现实情境性的事件语句为实验材料,而不再以简短的词汇作为实验材料,与现实生活情境的距离缩短了。虽然语句 GNAT 方法同样要求被试根据指导语的要求对信号按键(Go)反应,对噪声不作出反应(No-Go),但是被试首先需要从句子中检索出需要的信息再判断决策,在实验任务上有一定的难度。而且语句 GNAT 的每一个信号刺激并不单纯包含一类信息(如自我或积极),而是同时包含两类信息(如自我和成功),这样就可以通过对信号类别的规定,将内隐态度分成相对外显及相对内隐的两个层次,获取更多更具内隐价值的信息。研究二中确实发现了自我积极偏好会在更加内隐的层面上发挥作用,而且在更加内隐的层面上个体对他人表现出积极内隐态度,使研究者对内隐自尊与内隐他人态度的思考更进了一步。创新的语句 GNAT 方法测量结果与外显自尊测量结果之间的分离,以及这一方法与 EB 方法测量结果之间的一定相关,说明了语句 GNAT 方法具有一定的信效度。可见,创新的语句 GNAT 研究方法可以作为内隐社会认知研究的又一新方法,其现实情境性及测量多层次性将有助于内隐社会认知研究的发展。

第七节　关于 EB 研究方法

作为内隐社会认知研究中值得注意的一种新的测量方法,EB 研究方法已被应用于内隐性别刻板印象、内隐职业性别刻板印象、内隐学科性别刻板印象、内隐地域刻板印象等方面的研究,并获得了较好的效果。

EB 方法在测量内隐自尊效应上的有效性在本研究中得到了一定的体现。本研究两次尝试使用 EB 方法来测量被试的内隐自尊及内隐他人态度。研究三中显著检测到被试的内隐自尊效应，但未检测出内隐性别刻板印象；研究五中观察到内隐自尊效应的另一种表现形式，还发现了被试对男性他人与女性他人内隐态度的不同。两次 EB 分数与外显自尊测量(SES)之间的实验性分离，以及 EB 分数与语句 GNAT 实验结果、眼动数据之间的小部分相关，既表明了 EB 测量方法的内隐性质，又体现了 EB 方法不同于其他内隐社会认知方法的使用价值。

与 IAT、GNAT 等基于反应时的内隐社会认知测量方法相比，EB 方法有着自己的优势。它的实验内容与实际情境结合紧密，运用具体典型的姓名及事例，配合生动亲切的日常语句，具有较高的生态效度；纸笔测验及可集体施测等体现易操作性的特点是 IAT 等方法所不具备的；归因结果对个体行为表现的预测性也强于 IAT 方法(俞海运,2005;Sekaquaptewa, Espinoza & Thompson, 2003)。在本研究中，利用 GNAT 方法和 EB 方法在女性身上发现了内隐自尊与内隐女性消极态度之间的冲突。研究者关于"IAT 方法关注静态概念联系,EB 关注动态归因过程"的解释，以及"EB 方法能更有效测量到 IAT 测量不到的隐蔽内隐性别刻板印象"的解释，都是对 EB 方法优势的一种证明。

EB 方法所具备的特色是巧妙地结合了人的归因与人的态度，利用个体从归因上所表现出来的解释性偏差来反映人的内隐态度。社会认知已经开始逐渐摈弃认知—动机双加工观，主张归因受到认知资源的限制，同时也受到启发式策略与心理图式等心理捷径的使用以及信息的凸显性与可利用性等因素的影响。同一归因过程既可导致正确，亦会产生错误，这有赖于可利用的信息量、知觉者可调动的认知资源、判断的动机水平等因素(Smith,1984)。研究者承认认知活动一直服务于具体的加工目标,既包括出于自尊或自呈之动机,也涉及对世界理解的准确性。EB方法与归因的关系也在本研究中找到了更多证据。具体分析研究三和研究五中内—外归因性质,发现被试身上存在"基本归因偏向",而且在成功事件上的内归因倾向更为显著,体现了判断中的自我肯定倾向和自我服务归因。这些归因结论既是对EB理论基础的验证,也是对归因理论的支持和补充,而男女被试及不同人称事件上的EB差异,更为人类归因心理研究提供了新的思考。可见,自然利用归因过程及结果来测量内隐社会认知的EB方法对内隐社会认知和归因研究两个领域均有一定的价值。

尽管EB方法具有以上提到的种种优点,综合和比较本研究中对EB方法的两次尝试,也发现了其存在的一些问题。

首先,需要进一步严格控制实验情境,以提高EB测量结果的稳定性。研究三中将EB方法与语句GNAT方法相结合,研究五中将EB方法与句子阅读的眼动研究相结合,尽管两次EB问卷的编制上并无本质差异,但是两次EB测得的内隐自尊效应表现及内隐他人态度却各不相同。这可能是因为GNAT方法中对自我和他人概念的强调对EB方法产生了影响,也可能是由于句子阅读的眼动研究中被试对研究目的的揣测造成的。王沛、张国礼(2006)指出,社会认知对原型的研究证明知觉凸显性和记忆结构的可利用性会影响人们的判断和推理。如果是通过记忆中知识结构的加工而进行归因,记忆的可利用性便会影响归因。这一点在许多实验中都得到了证实。当某事件有几个潜在原因时,通过启动变得更可提取的因素往往会被看作真正的原因。可能正是两种实验情境中受到启动的不同因素造成了不同的态度表现。可见，在EB方法的实施过程中，需要根据实验目的对实验情境加以更加严格的控制，在EB测量结果的稳定性上加以改进。

其次，EB问卷的编制、施测及记分过程需严格恪守规范。由于问卷是研究者根据实际的实验需要自行编制的，有代表性的姓名和事件也是研究者自行选择的，主试的分类编码可能具有一定的主观性，因而需要对EB技术的原理及整个使用过程加以详细说明，要求研究者在编制问卷的过程中恪守EB原理，实施测验规范操作，采取双人或多人记分方式，以保证EB实验结果的信度和效度。

再次，EB问卷的编制需要考虑被试的知识背景和生活阅历。研究三中发现有些被试对某些EB项目的语义不理解，这可能带来归因上的错误和偏差，对实验结果造成影响。于是在研究五中对EB问卷进行了修订，使项目针对大学生这一被试群体，涉及的都是大学生活中经常可能遇到的事件，从而保证了问卷项目与被试实际生活情景间的一致性及紧密联系。

最后，被试的态度将对EB结果造成影响。在本研究中发现被试与被试之间的答题态度上有很大的不同：有些被试很认真地填写问卷，详细地说明理由；有些被试每个理由只有短短几个字；有些被试搞"平均主义"，每个项目的解释数量几乎保持一致；甚至有的被试每个项目只给一个解释。这样势必对归因数量产生影响，从而影响EB结果，因而能否考虑采取一定的措施，既让被试重视实验，又不让被试猜测到实验目的。

总而言之,EB 技术作为一种新兴的内隐社会认知研究方法,经过初步尝试已经证明其具有敏感性和有效性,需要继续丰富相关实证研究,将其广泛用于各种内隐社会认知研究领域,并对其加以完善和发展。有理由相信,应用领域的实践和方法学研究会使 EB 技术的前景光明,而 EB 技术的成熟也将有助于内隐社会认知及其他相关心理学研究的发展。

第八节 关于眼动记录技术

利用眼动记录技术探索人在各种不同条件下的信息加工机制也成为当代心理学研究的重要范型。本研究使用眼动记录技术,正是看中其对被试正常认知活动的较小干扰,使被试的实验状态更接近于实际情境,实验达到了较好的生态学效度。利用眼动记录技术对被试句子阅读的精细分析,为探讨心理活动的深层心理机制和生理机制提供了可能。

以往的眼动研究更多直接关注个体的信息加工过程,很少间接探讨深层的心理机制。研究四中确实发现了被试在不同实验条件下对不同兴趣区的注视时间、瞳孔大小的差异,在一定程度上验证了眼动记录技术用于研究社会心理现象的可能性,这在以往的眼动研究中是不多见的。

针对眼动技术的争论中有一点是关于直接注视与信息加工的关系。眼—脑假说认为,被试所加工的词正是他所注视的那个词,未进入中央窝的词汇信息将无法被获取。副中央窝预视效应

(parafoveal preview effect)对此提出了质疑,认为眼睛注视一个词时,还可以获得其他词汇的部分信息,对一个词的总注视时间并不能精确反映对这个词加工所需的时间。研究四中出现的情况是,由于呈现句子较短,字体较大,有些被试根本没有把注视点直接落在主语人称所在的兴趣区,却能够准确地说出该部分的内容,说明确实存在副中央窝信息加工。尽管如此,有一点还是可以确定的,即被试的直接注视能够获取更多信息,对刺激进行更为深入的加工。

  如果本研究有条件尝试将眼动技术与事件相关电位(ERP)技术相结合,采用相似的实验材料,考察 ERP 数据与眼动数据之间的关系,将有可能更精确地解释心理加工过程。

PART 4
第四部分 >>

展望——人我共赢和谐

第十四章
内隐自尊研究总结与展望

第一节 主要研究结论

从 1995 年 Greenwald 和 Banaji 提出内隐自尊概念以来,研究者们开发出启动任务、Stroop 颜色命名任务(stroop color-naming task)、首字母和生日偏好任务(initials and birthday preference task)、内隐联想测验(implicit association test, IAT)、Go/No-go 联想测验(the Go/No-go association test, GNAT)、外部情绪性 Simon 任务(the extrinsic affect simon task, EAST)等各种内隐自尊测量方法,对内隐自尊的特性、内隐自尊与外显自尊的关系、内隐自尊的稳定性与可变性、内隐自尊与行为的关系、内隐自尊与心理健康的关系、内隐自尊与其他心理认知结构的关系等进行了研究。

随着社会认知神经科学的发展,对内隐自尊生理机制的探讨也开始起步。

基于心理学的整合研究思路,本研究将传统 GNAT 实验范式、语句 GNAT 实验范式、EB 实验范式、ERP 技术及眼动记录技术相结合,从外在行为表现、内在心理过程及相关脑机制三个角度,对内隐自尊进行更为深入细致的研究,并检验了内隐自尊测量新方法的优势、特点、效果及不足,获得的研究结论主要有:

(1) 研究一中 ERP 与传统 GNAT 结合,研究内隐自尊、内隐他人态度及相关脑机制。结果发现,自我—积极与自我—消极两种条件之间的感受性指标 d' 和反应时存在显著差异,ERP 生理指标的相应差异出现在 Fz 点的 N2 潜伏期及 Fz、Cz 和 Pz 各点的 P3 潜伏期及振幅上;他人—积极与他人—消极两种条件之间的感受性指标 d' 存在极其显著差异,ERP 生理指标的相应差异出现在 Fz 点的 N2 潜伏期及 Fz、Cz 和 Pz 各点的 P3 潜伏期上。

(2) 研究二中 ERP 与创新的语句 GNAT 结合,研究成败内隐自尊、对他人成败的内隐态度及相关脑机制。结果发现,信号类别为"我"时的感受性指标 d' 值显著高于信号类别为"他人"时的 d' 值;当信号类别为"自我"时,自我成功事件的反应时显著短于自我失败事件的反应时,自我失败句的 P3 潜伏期要短于自我成功句的 P3 潜伏期,且自我失败句的 P3 振幅要大于自我成功句的 P3 振幅;当信号类别为"他人"时,他人成功事件的反应时显著短于他人失败事件的反应时;在 P3 潜伏期上,男女被试对自我成功句及失败句都有不同表现。

(3) 研究三中使用 EB 测量方法,从归因角度研究内隐自尊及内隐他人态度,并考察了 EB 方法、语句 GNAT 所测得的内隐自尊与 SES 所测得的外显自尊之间的关系。结果发现,对自我成功事件的归因数量要远远少于对自我失败事件的归因数量,对男性成败事件和女性成败事件的归因数量未受到行为者性别因素的影响;被试更倾向于将成功事件归因于个人内部因素,对自我和男性他人失败事件无明显归因偏好,但对女性他人失败事件存在内归因偏向;EB 分数、GNAT 结果与 SES 分数之间无显著相关,EB1(SSH-SCH)分数与 GNAT 中内隐女性态度指标之间存在显著相关,被试性别因素的主效应及其他交互作用均不显著。

(4) 研究四中利用眼动技术研究句子阅读中的内隐自尊效应及内隐他人态度,并考察了眼动数据与 SES 测量结果之间的关系。结果发现,自我成功句和自我失败句中"我"的第一次注视时间、结果部分的第二次注视时间,差异接近显著水平;注视自我成功句子中结果部分时的瞳孔大小显著大于注视自我失败句子中结果部分时的瞳孔大小;注视男性成功句子中结果部分时的瞳孔大小显著小于注视男性失败句子中结果部分时的瞳孔大小;性别对成败句结果部分第一次注视时间的差异及注视成败句主语部分时的瞳孔大小差异产生影响;眼动数据与 SES 分数之间无显著相关。

(5) 研究五中将 EB 问卷加以修订,用以研究内隐自尊及内隐他人态度,并考察 EB 分数与眼动数据及 SES 分数之间的关系。结果发现,对自我成功事件的归因数量显著多于对自我失败事件的归因数量;在成功事件上的内归因倾向要极其显著强于在失败事件的内归因倾向;EB2 与自我成败瞳孔指标存在显著负相关,EB3 与男性他人成败瞳孔指标存在显著负相关。

第二节 研究意义与特色

本研究对内隐自尊所进行的探索具有重要的理论意义。尽管心理学家开发了多种内隐自尊测量方法,但是在以往的内隐自尊研究中更多情况下只使用其中的一种,而且以基于反应时范式的语义联结测量方法运用最为普遍。本研究不仅自行开发和改进了内隐自尊的测量方法,考虑了内隐自尊与归因过程的关系,而且将几种方法相结合开展内隐自尊研究,体现了整合的思想。各种实验范式都测得显著的内隐自尊效应,只是表现形式各不相同。本研究中内隐自尊效应的共同特点是:个体对自我无意识的积极评价将影响其对与自我相关事物的态度,体现在知觉敏锐性、反应速度、ERP 的潜伏期和振幅、归因数量、注视时间及注视时的瞳孔大小等方面。

本研究不仅体现了社会认知的特色,将内隐自尊及内隐他人态度的关系作为一个研究主题,重视归因在人际互动中的作用,而且超越了社会认知范畴,开始思考内隐自尊背后所隐含的神经基础,走到了社会认知神经科学的前沿。ERP 技术与 GNAT 范式的结合相当成功,P3 的潜伏期及振幅等 ERP 数据能有效反映内隐自尊效应及内隐他人态度,并提示额区在概念联结加工中发挥的作用,说明内隐自尊效应及内隐他人态度确实存在一定的脑部生理机制。尝试结合 ERP 技术与眼动技术,彼此相互印证,能更精确地解释阅读中的心理加工过程。

本研究对自尊发展及社会互动具有重要的现实价值。以往对内隐自尊的研究告诉我们内隐自尊很重要,它与行为、心理健康及其他心理认知结构都有关系,应该增强内隐自尊,但是增强内隐自尊往往意味着贬低他人,对他人持内隐消极态度。本研究发现,尽管内隐自尊有着一定的生理机制,但是对自己的内隐积极态度并不意味着对他人的内隐消极态度,个体对他人的内隐态度如何,不仅取决于个体所处的内隐自尊状态,而且取决于个体与他人的关系。在不同情况下,个体对他人的内隐态度会发生变化。性别会对内隐自尊与内隐他人态度之间的关系产生影响。正是社会比较及激烈竞争使个体意识到自我与他人的对立关系,意识到他人对自尊的威胁,才出现了贬低他人以保持自尊的情况。这些结果提示人们,应在社会上多多提倡一种合作的氛围,将比较的视线放回到自我身上,通过肯定自我、提高自身能力等方式来增强自尊,以促进社会的和谐稳定。

第三节 未来研究展望

本研究所选取的整合视角比较独特,所使用的多种方法相对新颖,关于内隐自尊的研究内容、研究方法及理论建构等方面,都还有很大的空间进行深入探讨。综合起来,在本研究已经获得的结论基础上,研究者还可以从以下几个方面展开进一步深入探索:

(1) 尽管利用 ERP 技术在时间分辨率上的优势,将其与 GNAT 范式成功结合,结果已经说明内隐自尊效应及内隐他人态度确实存在一定的脑部生理机制,但是由于 ERP 技术在空间分辨率上的局限,不能对信息加工的位置进行精确定位,在今后的研究中可以考虑将 ERP 技术与 fMRI 方法相结合,则可以预期能够得到更有价值的结论。

(2) 本研究属于探索性尝试,关注的是内隐自尊的普遍规律,未考虑个体与个体之间的内隐自尊程度差异。人们越来越公认,高外显自尊与高内隐自尊的组合会使个体表现出安全型高自尊(secure high self-esteem),高外显自尊与低内隐自尊的组合会使个体表现出脆弱型高自尊(fragile high self-esteem),后者往往与较差的心理适应及较弱的人际关系有关,特别可能出现补偿性的自我增强行为(Bosson,Brow & Zeigler-Hill, 2003),自恋水平最高(Zeigler-Hill, 2006)。如果可以在研究中考虑内隐自尊与外显自尊的不同组合,可能使研究结果对临床实践及咨询诊断等领域产生影响。

(3) 本研究只对一个年龄段的一个社会群体进行了测量,今后的研究可以采用横向断面研究或纵向跟踪研究的思路,以发展的眼光来看待内隐自尊,探讨内隐自尊的生理机制及内隐自尊与内隐他人态度的关系等其他相关结论是否具有跨年龄的一致性,是否不同年龄的群体其内隐自尊会出现不同的特征,以期为家长和教育者提供一些参考和指导。

(4) 本研究使用的实验材料还是以文字材料为主,内容主要涉及学业成败事件。可以考虑采用图片作为实验材料,将材料内容加以扩展,覆盖更多的实际生活领域。

(5) 本研究中对内隐自尊与内隐他人态度之间关系的论述还不成熟,不足以建构成一种理论,还需要更多的实证研究证据加以支持和修正。

可见,无论是理论建构还是实际应用,内隐自尊研究还有着广阔的领域需要我们去开拓,还蕴含着很多的奥秘需要我们去探讨。随着内隐社会认知领域的发展及社会认知神经科学的兴起,作为个体自我系统的核心成分之一,"自尊(self-esteem)"这一心理学家研究了100多年的主题,必将继续得到研究者们的青睐。

第十五章
大学生内隐自尊研究的新进展

截至 2016 年 1 月 6 日,在中国知网上篇名中同时包含"大学生"和"内隐自尊"的文献一共检索出 66 篇,最早一篇出现在 2006 年。可见,在内隐联想测验(IAT)的方法性问题得以解决,信、效度得到较为充分的验证之后,研究者们开始更为放心地在大学生心理研究领域应用内隐方法。近年来,大学生内隐自尊的研究也不再局限于对其本质及特性的研究,而是将内隐自尊这一重要心理成分与大学生心理的方方面面联系起来开展应用研究,主要涉及人际交往、情绪情感、自我管理、职业规划、问题应对等。笔者将在下文中逐一详述。

第一节　大学生内隐自尊与人际交往

自尊的计量器理论认为,自尊是人类人际关系的监控器,是个体与社会及他人之间关系的主观度量,反映了个体是否有着良好的人际关系。有人能从人际交往中获得乐趣,有人却在人际交往中体验到痛苦,其中的不同与他们的自尊水平有关吗?如果有关,又是如何发生联系的呢?

社交焦虑是大学生最常见的心理问题之一。他们对某一种或多种人际处境有强烈的忧虑、紧张不安或恐惧的情绪反应和回避行为,严重影响其社会功能(栗文敏、刘丽,2007)。王媛丽、谢志杰、汪玉兰等(2015)发现,不同自尊结构者的社交焦虑水平为:低外显/高内隐>低外显/低内隐>高外显/低内隐>高外显/高内隐。大学生内隐自尊与外显自尊的分离程度对社交焦虑有重要影响,外显自尊对社交焦虑有缓冲作用,可以通过提高大学生外显自尊水平对社交焦虑进行干预,提高外显自尊与内隐自尊的一致性是否能缓解大学生社交焦虑有待进一步研究。

从外在行为表现上看,社交焦虑导致社交回避,李晓芳(2007)试图了解内隐自尊、外显自尊与社交回避的关系。结果发现,高外显/高内隐自尊的个体社交敏感性不强,最不容易产生社交回避行为,苦恼情绪最低;高外显/低内隐自尊的个体容易体验到拒绝和苦恼情绪,但是能使用策略来避免产生社交回避行为;低外显/高内隐自尊个体表现出较强的社交敏感性,也容易产生社交回避行为,且体验到苦恼情绪;低外显/低内隐自尊个体有较强的社交敏感性,也容易产生社交回避行为,且体验到苦恼情绪。内隐自尊在自发行为和情感驱动的反应上要强于外显自尊。

从内在心理成因上看,社交焦虑与大学生自尊之间可能存在多种中介变量。

李志勇、吴明证(2013)研究无法忍受不确定性(intolerance of uncertainty)在大学生自尊与社交焦虑关系间所起的中介作用,无法忍受不确定性是个体对不确定未来情境的一系列的消极认知、情绪和行为反应倾向。无法忍受不确定性这一认知偏差影响着个体对未来不确定情境的感知、解释和反应方式,使个体倾向于认为未来的情境是消极的,并以相对稳定的消极方式来应对未来的不确定性情境,不管该情境的结果到底是积极还是消极的,以及结果发生的可能性有多大(Freeston, Rheaume, Letarte, et al., 1994)。结果发现外显自尊对无法忍受不确定性具有直接的预测作用,内隐自尊调节着外显自尊对无法忍受不确定性的预测作用,外显自尊×内隐自尊对社交焦虑的预测作用是通过无法忍受不确定性这一中介变量实现的。

戚静、王晓明、李朝旭等(2011)探讨大学生外显自尊、内隐自尊与人际信任的关系,发现高内隐自尊组中,外显自尊对于人际信任水平没有预测作用,低内隐自尊组中,高外显自尊者的人际信任水平显著高于低外显自尊者。研究者据此提出了两种人际信任:健全型信任和缺失型信任,前者由内隐自尊决定,后者由外显—内隐自尊的分离程度决定。

贾永萍(2006)得到类似结论,外显自尊高的被试人际信任程度高,个体的内隐自尊与外显自尊不同的分离状态对人际信任有显著作用。

郝丽娜(2011)研究过大学生自尊与自我表露的关系。自我表露,又称自我暴露或自我揭示,是维持个体心理健康的重要条件,是人们进行正常社会交往的重要组成部分。结果发现,不同自尊结构的个体在对父母的表露上存在显著性差异:高外显/高内隐自尊的个体在对父亲的表露上要显著高于低外显/高内隐自尊的个体和低外显/低内隐自尊的个体,高外显/低内隐自尊的个体在对母亲的表露上要显著高于低外显/低内隐自尊的个体;不同自尊结构的个体在对钱和身体这两个主题的表露上存在显著性差异,高外显/高内隐自尊的个体在对爱好兴趣、个性和身体的表露上要显著高于低外显/低内隐自尊的个体,高外显/高内隐自尊的个体在对钱的表露上要显著高于低外显/低内隐自尊的个体和低外显/高内隐自尊的个体。

薛黎明(2014)关注寝室人际与内隐自尊的关系,发现宿舍内社会排斥导致个体社交自尊及内隐自尊的降低。

赵娟娟、司继伟(2009)发现,不同内隐/外显自尊组合的大学生嫉妒水平存在显著的差异。

人际关系中最重要、对个体心理要求最高的要算亲密关系。亲密关系经历量表(ECR)分成依恋焦虑和依恋回避两个维度:依恋焦虑被定义为对被拒绝和被抛弃的恐惧;依恋回避的特征是对亲密关系的恐惧以及对亲近和依靠的不适(李同归、加藤和生,2006)。张诗敏等人(2013)的研究结果显示,内隐自尊与依恋的回避维度呈现正相关,与依恋的焦虑维度呈现负相关,但是相关不显著;内隐自尊对依恋的回归不显著。张奇莉(2013)发现是否有过恋爱经历的大学生之间内隐自尊存在显著差异,可能说明有恋爱经历的个体对自己和他人都持有比较积极的态度,应对方式比较积极,更擅长与同伴进行情感上的沟通;而没有恋爱经历的个体对自己和他人都可能持有消极态度,应对方式消极,由于缺乏经验、自信心等,容易出现回避行为。

以上关于大学生内隐自尊与人际交往的相关研究,并未让人直观地感受到内隐自尊在人际交往中的重要性,这可能与大多数研究中对人际交往及其相关变量所采取的测量方式大多以外显方法测量有关。内隐自尊似乎并不单独对人际交往产生影响,而是通过自发行为和情感驱动等启动效应,通过与外显自尊的分离程度或交互作用,通过建立一种更为健康、更为"表里如一"的一致型自尊模式,来帮助大学生更好应对人际交往中的挑战,更为自然地与周围人发展关系。

第二节 大学生内隐自尊与情绪情感

内隐自尊是一种针对主体自我的无意识评价或态度,往往表现出一种积极倾向,属于情绪驱动的、非理性的系统,是基于大量经验上的潜意识的自动化过程。大学生无意识中对自我的这种自动化、情感性的评价,体现在"我是可爱的(或不可爱的)人"这样的经验信念中,反映出感觉自己是否值得被爱的基本需要。无意识中对自我的积极情感是否会影响到大学生的其他情绪情感体验呢？

情绪情感的产生与对信息的注意偏向有关。李海江等(2011)探讨不同自尊水平个体注意偏向的特点及其内在机制,结果发现高内隐自尊个体更易受到情绪性信息(如愤怒和高兴)的吸引,是一种选择性的注意维持倾向,表现为注意的解脱困难。吴丽丽(2014)也发现,脆弱型(高外显/低内隐)高自尊大学生对消极效价的人际评价信息比安全型(高外显/高内隐)高自尊大学生表现出更大程度的注意偏向,其内在机制亦是注意解脱困难。可见,内隐自尊是一种与情绪情感联系更为密切、更为感性的自尊结构,高内隐自尊者更容易关注来自外界的积极信号,而低内隐自尊者更容易关注来自外界的消极信号,从而对同一事物可能产生不同的情绪体验。常丽、杜建政(2007)根据不同内隐自尊者对成败反馈的不同反应,提出内隐自尊的滤波器假设,认为较之低内隐自尊者,高内隐自尊者在应对压力或威胁时能够更多地过滤负面效应,也从另一个角度证实内隐自尊对情绪情感的影响。

罗利、钟娟(2013)研究大学生自尊与情绪调节的关系发现,内隐自尊与减弱性情绪调节方式呈正相关,外显自尊与表达抑制呈负相关、与认知重评呈正相关。这说明内隐自尊越高的个体越习惯采用表达抑制和认知重评两种调节方式,内隐自尊水平越低,采用这两种调节方式的水平也更低;而外显自尊水平高的个体,更习惯采用认知重评而不是表达抑制。可见两种不同的自尊对情绪调节的影响是不一样的,不同自尊的个体在采用情绪调节的方式上有差异。

主观幸福感是积极心理学研究的重要课题之一,它是指个体依据自己设定的标准对其生活质量所作的整体性评价(吴明霞,2000),包括情感体验(正性情感与消极情感)和生活满意度两个基本成分(丁新华、王极盛,2004)。研究发现,主观幸福感和自尊类似,具有内隐和外显的双重结构(孔繁昌,2015)。在自尊和主观幸福感的关系上,钟毅平等(2011)研究显示大学生的外显自尊能显著预测外显主观幸福感,内隐自尊能显著预测内隐主观幸福感;徐维东等(2005)的研究则发现外显自尊与内隐自尊在预测主观幸福感中存在交互作用;耿晓伟等(2008)发现,外显自尊预测外显幸福感,内隐自尊同时预测外显和内隐幸福感。这可能暗示内隐自尊比外显自尊对主观幸福感具有更强的预测力。罗利、钟娟(2015)进一步考察情绪调节对大学生自尊与主观幸福感的中介作用,发现内隐自尊与认知重评、表达抑制、负性情绪呈正相关,且正向预测负性情绪;外显自尊与认知重评、正性情绪、生活满意度呈正相关,与负性情绪、表达抑制呈负相关,且正向预测正性情绪和生活满意度,负向预测负性情绪;认知重评和表达抑制在外显自尊与主观幸福感间起着部分中介作用。这一研究结果似乎表明,外显自尊与主观幸福感的关系更为紧密,但该研究者自己也认为,这与该研究中主观幸福感采用自我报告法不无关系。

恋爱满意度与主观幸福感、一般生活满意度及其他特殊生活满意度相比,更为强调情感方面的因素,大学生内隐自尊与恋爱满意度关系的研究让我们对内隐自尊的情感特性有了更多了解。徐亮、郑希付(2012)使用《亲密关系评价量表》(RRF)测量大学生对恋人关系的满意程度,用 IAT 测量内隐自尊的情感成分和评价成分,结果发现两种成分都和恋爱满意度呈显著正相关,即情感性内隐自尊效应或评价性内隐自尊效应越显著,大学生的恋爱满意度就越高。之后,徐亮等(2014)尝试对大学生内隐自尊与恋爱满意度进行干预,发现以词汇为材料的评价性条件反射技术可有效提高大学生的内隐自尊,但该技术未能显著提高大学生的恋爱满意度,只是 EC 处理组的恋爱满意度有增强的趋势,这为通过提高内隐自尊来增强个体的恋爱满意度提供了一个探索性的结论。

抑郁和焦虑是大学生常见的两种情绪问题。以抑郁为例,低外显自尊和不稳定的外显自尊是抑郁的素质因素,会促进抑郁的发生。其内隐自尊又会有怎样的特点？席明静等人(2007)研究抑郁症患者的内隐自尊,发现抑郁症患者的内隐自尊水平与正常人的差异并不显著,但其内隐自尊高于外显自尊的倾向和不稳定的自尊特征可能是抑郁症发作的重要原因。大学生群体中的抑郁症或抑郁倾向日趋严重,有研究者据此希望通过干预内隐自尊以改善个体抑郁状态(罗红格、张李斌、侯静朴,2015),结果发现接受评价性条件反射处理的不同时间点下内隐自尊效应发生了显著性变化,且处理后的抑郁水平低于处理前,提示我们内隐自尊水平的提高可显著改善个体抑郁水平。内隐自尊与焦虑的关系在前文中已有部分描述,例如对于非言语的焦虑行为的预测,内隐自尊更为有效(Spalding & Hardin, 1999),似乎对于自发的或情感驱动的反应,内隐自尊比外显自尊预测效度更高,对内隐自尊的干预也更可能治本而非只是治标。

第三节　大学生内隐自尊与生涯发展

大学阶段是生涯发展的重要时期,每个个体都面临着从学生到职场人的角色转变,需要去完成相应的生涯发展任务。如何做好职业决策不但关系到大学生自身的职业生涯发展,而且是心理学、教育学等多个学科所共同面对的一个重要课题(井世洁,2009)。生涯发展教育不仅关注如何帮助人们择业,而且关注如何帮助人们选择和发展与职业相关的教育、涉及的生存角色及其休闲方式等。内隐自尊水平不同的大学生在面临学业成败、自我管理、创业实习等问题上是否会有不同表现?

赵莹、吕勇、吴国来(2009)考察大学生学业成败归因与内隐自尊、外显自尊间的关系,结果发现:当学业成功时,内隐自尊水平高的大学生倾向于将成功归为自己的能力,而外显自尊水平高的大学生倾向于将成功归于努力、情境和运气;当学业失败时,内隐自尊水平高的大学生倾向于将失败归于情境,而内隐自尊水平低的大学生倾向于将失败归为个人能力不足。这反映出高内隐自尊的大学生对自我的一种有意或无意的保护。王新童(2013)的研究也表明,大学生内隐自尊与整体归因方式的关联不大,但与归因偏向有密切的关系:高内隐自尊者更倾向于采用自我服务性归因,低内隐自尊者则更倾向于采用自我贬损性归因。因而,高内隐自尊者更容易看到自身在学业上的稳定优势,更愿意为未来可能出现的学业成功付出更多努力;而低内隐自尊者倾向于关注自身在学业上的固有不足,而更可能放弃努力而导致未来学业失败,进而再次验证自己的能力不足,造成恶性循环。

网络已经成为大学生日常生活中相当重要的一部分,网络社会支持已经成为人们社会支持系统的一部分,文明、合理使用网络可以帮助大学生获得更多资讯和支持,从而更好更快地成长。网络社会支持是在虚拟空间的交往中,人们在情感、信息交流、物质交换的过程中被理解、尊重时获得的认同感和归属感(梁晓燕,2008)。陈霞、肖之进(2014)研究发现,内隐自尊与网络社会支持中友伴支持的相关达到显著性差异水平,通过网络获得的社会支持对其个体内隐自尊的积极作用不容忽视,网络社会支持正成为现实社会支持的重要补充,扩展着个体的社会支持网络。苏娟娟(2014)的实验表明,经常上网者的心理表征对正面反馈的情境信息更敏感警觉,如对经常上网的大学生给以积极反馈更能唤醒其内心心理能量和动机驱力,促进自我价值提升。这一研究结论对于自媒体时代的思想政治教育有一定启发,可以借助网络更多地传递正能量、提供正反馈,为大学生提供更多网络社会支持,以提升大学生的内隐自尊水平。

高增明、赵连强(2013)研究发现,网络文明状况良好者普遍具有较高的内隐自尊,同时并未表现出内隐攻击性;而不合理使用网络或是网络成瘾则可能导致一系列现实和心理问题。吴文丽(2014)探讨网络成瘾者的内隐自尊,发现其内隐自尊水平高于外显自尊水平,出现内隐自尊与外显自尊两者分离的状况,提示网络成瘾者的自尊处于不稳定状态中,而脆弱型自尊的大学生的自我管理能力可能出现问题,因而更容易受到外界不良环境的影响。高增明、赵连强(2013)同时发现,网络不文明行为者的内隐自尊水平要低于网络文明状况良好者,但并未表现出明显的低内隐自尊,同时又表现出了较高的内隐攻击性水平。不文明大学生更多地接触到网络暴力材料,比如攻击性网络游戏、动作电影等,而网络暴力刺激会增加青少年的内隐攻击性,这或许是不文明大学生较多表现出内隐攻击性的一个原因。

我国已经确立"提高自主创新能力,建设创新型国家"和"以创业带动就业"的发展战略,大学生是最具创新、创业潜力的群体之一,大学生创业也作为就业的一项重要途径和策略,越来越受到关注。大力加强大学生创业相关研究,积极鼓励大学生自主创业,在行动实践中培养大学生的创业精神和创业能力,已经成为大势所趋。它既是高校推行素质教育、提高教育质量的重要表现,更是高校力争培养大学生创新素质和就业技能的本真要求。创业意识包括创业情感体验、创业需要和动机、创业价值、创业风险和创业素质等五个维度(李志、李雪峰、万凤艳,2010)。

郝春东、韩锐、孙烨(2014)探讨外显自尊、内隐自尊与大学生创业意识之间的关系,结果发现:外显自尊与创业情感体验维度、创业需要和动机意识维度、创业价值意识维度以及创业意识总分呈显著正相关,但是与创业风险意识维度和创业素质意识维度之间的相关不显著;内隐自尊与创业意识总分以及创业意识问卷等五个维度都不存在显著相关,说明大学生创业意识与个体的内隐自尊效应之间关系不大。但是,郝春东也意识到,这一研究结果也间接地证实大学生创业意识问卷测量的是外显层面,而较少涉及内隐层面。

大学生往往有较强的自我表现欲望与自我实现愿望，但是对现实可能缺乏理性的自我认识，对创业缺乏充分的心理准备。在创业过程中难免会遭遇挫折，有的人很容易调整自我认识，有的人却从此跌入低谷一蹶不振，其背后可能与自尊水平高低有关。彭洪年（2014）研究挫折情境对外显自尊及内隐自尊的影响，发现相比挫折前，个体的外显自尊在挫折后明显下降，且随挫折情境引发的挫折感越大，下降得越多；而内隐自尊在挫折后变化不明显，说明内隐自尊比外显自尊更稳定。内隐自尊的稳定性既为抵御挫折冲击提供了一定保障，却也为从内心深处提升创业意识带来了一定难度。

第四节　大学生内隐自尊与社会行为

当代大学生是建设现代和谐社会的重要后备军，是实现中华民族伟大复兴的未来接班人。大学生的自尊与他们的社会行为之间有着千丝万缕的联系。大学生自尊水平越高，其公共行为越容易展现出自重、自爱的特征。

责任心是个体对责任的感知和知觉，包含个体对个人、集体、国家和社会所负责任的认识、情感和信念，以及与之相应的遵守规范、承担责任和履行义务的自觉态度，是人的社会品质的重要组成部分。责任心总是体现为一种社会行动，同时可以化为一种个性品质，成为保证当代大学生素质不断优化发展的核心心理品质之一。

从自尊与责任心的关系上看,刘翩翩(2011)认为,若学生作为主体身份的角色认知被高度内部化,那么自我责任心也就增强了,自我责任心和自尊高度相关。谭小宏、秦启文(2005)指出:责任心强的学生更加倾向于作出积极的自我评价,其自尊心水平也相对较高,亦即大学生的责任心与内隐自尊心之间有较好的相关性。但朱传林等(2015)的研究结果表明,大学生责任心高低与内隐自尊水平无显著相关。尽管如此,朱传林等仍然认为大学生的内隐自尊心和责任心直接关系到大学生的全面发展,学校、社会和家庭都应该为促进大学生内隐自尊心和责任心的培养提供有效帮助。

与承担社会责任的行为相反,极少数大学生会出现违纪甚至违法的行为。随着高校不断扩招,高校日常教育和管理过程当中学生违纪现象不断增加。大学生违纪,是指违反了学校管理部门所规定的大学生教育和管理规定、校纪校规,例如考试作弊、迟到旷课、打架斗殴、酗酒闹事、夜不归宿、赌博盗窃等(额尔敦、海明、郭政文、乌拉,2011)。大学期间遭受到学校的处分是大学生在校期间影响较大的负性事件之一。高校教育者除了采取行政处分外,还需要寻找违纪学生的自身原因,并在此基础上进行预防和干预。李宽(2010)比较违纪大学生与一般大学生的内隐自尊、外显自尊、心理防御机制、心理健康水平等,发现违纪大学生与普通大学生在内隐自尊上存在显著性差异,在抑郁和强迫症状方面存在显著性差异;违纪大学生内隐、外显自尊的分离除了像普通大学生那样与心理健康状况有显著性相关外,还与成熟性防御机制和不成熟性防御机制有显著性相关。违纪大学生的整体心理健康水平相对较差,对自我的评价比较低,且缺乏足够的成熟性防御机制来抵御来自内外的压力,可能导致出现违纪行为。

大学校园是大学生最主要的活动场所,学校组织气氛是指学校组织中的学生努力协调和认知学校系统中组织与个人的各个方面(包括物质环境、人际关系以及共同的价值观念、组织目标和行为标准等)的产物,并在心理层面上进行抽象化,形成的有别于其他学校的比较稳定的特性(郑莉君,2009)。学校组织气氛与大学生内隐自尊间是否存在关系,徐全(2011)研究发现,大学生内隐自尊水平与高校组织气氛各维度及总分存在显著相关,即高校组织气氛越好,大学生内隐自尊水平越高;反之亦然。重点高校与非重点高校的大学生,在内隐自尊上存在显著差异,重点高校学生内隐自尊水平显著高于非重点高校学生。高校组织气氛可以预测大学生内隐自尊水平,"来自教师的支持"是影响大学生内隐自尊的主要因素,其次为"环境""学生士气与素质""人际氛围"等维度,高校组织气氛的整体情况也对大学生内隐自尊水平起到了较高的预测作用。该研究还发现,大学生内隐自尊水平与大学生心理健康水平存在相关,内隐自尊水平越高,心理健康状况越好。内隐自尊对大学生心理健康的各因子及总分都有显著的预测作用。研究者从而得出结论,高校组织气氛越好,大学生心理健康水平越高,大学生内隐自尊水平越高;大学生内隐自尊水平越高,对高校组织气氛的感知能力越强,大学生心理健康水平也越高;反之亦然。这一研究结果对高校教育者构建和谐校园组织气氛、更好地开展大学生心理健康教育提供了理论依据。

在社会生活中,大部分决策并不完全是个人行为,或多或少、或主动或被动都会从他人那里得到建议,最终的决策往往是决策者本人及多方建议者观点的综合。建议采纳是指决策者参考他人建议并形成最终决策的过程,是带有明显社会特性的行为,同时也与决策者的主体特征密不可分。目前建议采纳已成为行为决策领域的一个研究热点。古晓花(2014)研究发现,外显自尊与建议采纳呈负相关,内隐自尊对建议采纳的影响不显著,但是内隐自尊调节着外显自尊与建议采纳的关系,启动高内隐自尊后,相比高外显自尊个体,低外显自尊个体的建议采纳水平相对更高。自尊分离程度正向影响着建议采纳水平,而自我概念清晰性是自尊分离程度对建议采纳的影响的中介变量。外显自尊和内隐自尊相一致的个体,自我概念清晰度高,从而建议采纳水平相对较低;相反,外显自尊与内隐自尊相分离的个体,自我概念清晰度相对较低,从而建议采纳水平就相对较高。对自我有更多了解而且表里一致的大学生更能坚持自己的观点,不容易为他人的建议所影响。

第十六章
内隐自尊视角下大学生思政工作的实践思考

在新时代背景下,大学生思政工作面临新挑战,需要新视角。结合内隐自尊,可以构建大学生的自信认知,在引发情感共鸣后,实现价值内化与践行。

第一节 明晰时代形势,坚持与时俱进

2015年1月19日,中共中央办公厅、国务院办公厅印发了《关于进一步加强和改进新形势下高校宣传思想工作的意见》。

该意见指出,加强和改进新形势下高校宣传思想工作的主要任务包括:坚定理想信念,深入开展中国特色社会主义和中国梦宣传教育,加强高校思想理论建设,……进一步增强理论认同、政治认同、情感认同,不断激发广大

师生投身改革开放事业的巨大热情,凝心聚力共筑中国梦;把培育和弘扬社会主义核心价值观作为凝魂聚气、强基固本的基础工程,弘扬中国精神,弘扬中华传统美德,加强道德教育和实践,提升师生思想道德素质,使社会主义核心价值观内化于心、外化于行,成为全体师生的价值追求和自觉行动;……立足学生全面发展,努力构建全员全过程全方位育人格局,形成教书育人、实践育人、科研育人、管理育人、服务育人长效机制,增强学生社会责任感、创新精神和实践能力,全面落实立德树人根本任务,努力办好人民满意的教育。

该意见还指出,应强化政治意识、责任意识、阵地意识和底线意识,以立德树人为根本任务,以深入推进中国特色社会主义理论体系进教材进课堂进头脑为主线,……积极培育和践行社会主义核心价值观,不断坚定广大师生中国特色社会主义道路自信、理论自信、制度自信,培养德智体美全面发展的社会主义建设者和接班人(新华社,2015)。

之后,习近平同志在庆祝中国共产党成立 95 周年大会上明确提出:中国共产党人"坚持不忘初心、继续前进",就要坚持"四个自信",即"中国特色社会主义道路自信、理论自信、制度自信、文化自信"。他还强调指出,"文化自信,是更基础、更广泛、更深厚的自信"。"四个自信"的重要论述,是对党的十八大提出的中国特色社会主义"三个自信"的创造性拓展和完善(冯鹏志,2016)。文化自信是对国家价值理念、精神追求的自觉,"四个自信"是中国共产党"不忘初心"的表达,具有指引改革方向、构建国家形象、凝聚民族力量、消除崇洋心理等社会功能,为中国特色社会主义继续前进注入了强大定力(陈水勇,2016)。

2016年12月,党中央召开全国高校思想政治工作会议,习近平同志出席会议并发表重要讲话,对加强和改进新形势下高校思想政治工作提出明确要求,为做好高校思想政治工作指明了前进方向(宗河,2016)。习近平同志强调,要坚持不懈培育和弘扬社会主义核心价值观,引导广大师生做社会主义核心价值观的坚定信仰者、积极传播者、模范践行者。……培育理性平和的健康心态,加强人文关怀和心理疏导,……用中国梦激扬青春梦,为学生点亮理想的灯、照亮前行的路,激励学生自觉把个人的理想追求融入国家和民族的事业中,勇做走在时代前列的奋进者、开拓者(新华社,2016)。

新形势下,高校学生的思想政治状况又是如何呢?2016年高校学生思想政治状况滚动调查表明:当前大学生思想主流继续保持积极健康、向上向好的良好态势。大学生中国特色社会主义道路自信、理论自信、制度自信进一步坚定,对党和国家的未来充满信心。大学生积极培育和践行社会主义核心价值观,立志成长成才、提升道德素养、投身社会实践的意识进一步增强。

针对调查反映出来的大学生思想政治状况中值得关注的问题和当前大学生思想政治教育面临的新形势、新任务,教育部提出,要深入推进习近平同志系列重要讲话学习教育,用总书记重要讲话精神武装头脑;深入推进社会主义核心价值观建设,增强学生的价值认同和精神共鸣;进一步提升大学生思想政治教育工作质量,切实培养学生的社会责任感、创新精神和实践能力;实施好大学生就业创业促进计划,推动建设大学生创新创业服务平台,加强高校实践育人创新创业基地建设,把创新创业教育融入人才培养全过程各环节;探索建立优秀网络文化成果评价认证机制,充分发挥网络文化的育人功能(教育部,2016)。

近些年兴起的新媒体已经渗透到中国社会生活的方方面面,互联网、自媒体的普及颠覆了人们的生活方式和人际交往模式。高校大学生在新媒体语境中获得大量信息,体验到便捷平等的交流,享受到自我存在的乐趣,其自主自觉的主体意识不断觉醒和增强,他们渴望更多了解社会、融入社会,希望获得更多社会认知、实现更多社会价值。如何契合社会需求,顺应时代发展,使大学生具有正确的主体意识,做一个有理想、有担当的现代公民,迫切需要高校思想政治教育的与时俱进(周邦华,2016)。

第二节　传承中国文化,构建自信认知

"加强和改进思想政治工作,注重人文关怀和心理疏导,培育自尊自信、理性平和、积极向上的社会心态"是党对思想政治工作提出的要求(新华社,2012)。习近平同志在全国高校思想政治工作会议上也强调,"提升思想政治教育亲和力和针对性,满足学生成长发展需求和期待",同时"要运用新媒体新技术使工作活起来,推动思想政治工作传统优势同信息技术高度融合,增强时代感和吸引力"(吴晶、胡浩,2016)。高校思想政治工作需要立足中央领导重要讲话精神,牢牢把握社会主义核心价值观,将工作重点切实落实在创新育人上,进一步丰富思想政治教育工作的内涵。

高校思想政治教育应从大学生的认知新动向出发,根据他们不同的个性特点、不同的心理需要、不同的发展方向设置不同的方案和措施,因人施教。充分保证大学生在接受思想政治教育过程中的主体意识和主观能动性,激发大学生的主体发展欲望和追求崇高的自觉性,在张扬个性的基础上养成良好的习惯和品行,从而实现思想政治教育的价值使命(田萌,2015)。

加强大学生的责任感教育已成为国家教育发展的重要战略之一。"中国梦"的提出不仅引起了大学生对于自身历史使命、社会责任的热切关注,更极大地增强了其民族自尊心和社会发展自信心,引领其政治信仰,激发其实现祖国伟大复兴的新的自觉(郑声文、陈为旭,2015)。当代大学生对中国文化的自信与否,不仅关涉到他们对中国道路、中国制度、中国理论等一系列重大问题的认同与自信,还会影响中国未来的发展。"中国梦"教育与大学生责任感教育的融合,如能以内隐自尊作为深层次中介因素,从多角度、多层次丰富责任感教育的内涵,将收到更为持久的教育效果。

文化自信是一个民族、一个国家以及一个政党对自身文化价值的充分肯定和积极践行,并对其文化的生命力持有的坚定信心(赵银平,2016)。2017年1月,中共中央办公厅、国务院办公厅印发了《关于实施中华优秀传统文化传承发展工程的意见》,提出要将文化传承作为一项重要任务"贯穿于国民教育始终",要求大力宣扬中华民族的优秀传统文化,通过学校教育、理论研究、历史研究、影视作品、文学作品等多种方式,引导人们增强文化自信和价值观自信,增强做中国人的骨气和底气。

文化自信分为几个部分：一是认知上的肯定，二是行动上的践行，三是意志上的信心。从内隐自尊理论的角度，首先要使个体在认知上建立起自我与自身文化之间的紧密联系，从而使个体在接触自身文化价值时产生一种无意识的积极评价。具体落实到大学生思想政治教育上，需要充分利用新媒体和新技术，创设一切可能途径，引导大学生接触中国传统文化和社会主义核心价值观，并将其纳入大学生的认知系统中。

以 2017 年新春伊始强势回归的《中国诗词大会》第二季为例，通过电视和网络收看该节目的观众累计达 11.63 亿人次，夺冠的复旦附中 16 岁选手武亦姝迅速成为超级网红，圈粉无数，参加"百人团"的选手平均年龄在 30 岁以下，其中不乏来自高校的学子。《中国诗词大会》的热播，为大家上了一堂生动的"文化自信"课，也给中国诗词搭了一个青春的舞台（江坪，2017）。《中国诗词大会》总导演颜芳说："一部中国诗歌史既是中华文明在语言文字上的浓缩精华，更是几千年来中国人精神风貌的展示。"

《中国诗词大会》带着深埋于每个中国人心中的文化基因，用国人耳熟能详、打动人心的诗词，在带领全国电视观众重温中华经典诗词的同时，也完成了一次跨越千年、沟通古今、领略中华优秀传统文化魅力的精神之旅。中国社会科学院学者、曾任央视《中国汉字听写大会》裁判的张伯江认为，诗词把中华文明的精神内涵内化为人们的心灵认知，又外化为口耳间的美妙流传，诗词"唤醒了中国人内心深处的文化自信，体现了我们民族内心的美好情怀和高远志趣"（苏丽萍，2017）。

习近平同志指出，古诗文经典已融入中华民族的血脉，成了我们的基因，要把中华民族优秀传统文化不断传承下去。《中国诗词大会》正是一个很好的载体，也是传承中华文化基因的成功举措，它将传统诗词与人们的日常生活拉近了距离。用类似的载体形式，可以把中华优秀传统文化与当代思想文化结合起来，使之在推动时代进步中发挥持久的力量。

第三节 巧用内隐自尊，实现情感共鸣

大学生是中国特色社会主义事业的生力军和接班人，其价值观取向对国家和社会发展意义重大。塑造大学生社会主义核心价值观是一个潜移默化的心理过程，不仅要让大学生有深刻的理论认知，还要让大学生有强烈的情感认同，才能进而将之落实到日常行为与社会实践中。大学生社会主义核心价值观的情感认同，实质上就是大学生将社会主义核心价值观植根于自身的情感体系中，内化为自己的观点和言行，从心理上赞同和支持，同时引发其对中华民族的归属感和自豪感。它是连接认知和行为的重要中间环节，具有行为驱动的精神动力价值（郭娟，2016）。

内隐自尊理论告诉我们，当事物与自我建立足够强度的联系时，个体会对其产生积极的评价。根据内隐自尊理论，现实中存在着众多的内隐自尊效应现象，即个体对自我无意识的积极评价将影响其对与自我相关事物的态度，在积极属性和事件上表现出比在消极属性和事件上更为明显的自我积极偏向。这给我们建构大学生与社会主义核心价值观及中国梦等的情感认同提供了

某些启示,如果能够让大学生更多感受到社会主义核心价值观的更多正向属性,可以增强自我与价值观之间的积极情感联系。增强人们对社会主义核心价值观的情感认同,关键是要增进人们对社会主义核心价值观的亲近感,激发每一个中国人强烈的使命感和责任感。社会成员在情感上认同社会主义核心价值观能使个人关注国家、社会和人类的美好追求,并把这种美好追求作为自己的追求,更好更快地适应社会、融入社会。情感认同把个体和国家、社会、他人联系起来,把社会期望内化为自身的期望。

情感认同是个体价值观形成和践行价值观的催化剂。情感认同的产生经过情感的唤醒、激发、实现、提升才能最终实现。情感的唤醒是情感认同的准备,激发是情感认同的动力,实现是情感认同的关键,提升是情感认同层次的推进(邓凯文,2016)。内隐自尊比外显自尊更能预测自发的或情感驱动的反应。这提示我们,在大学生思想政治工作中,要注重发挥学生自身的责任感,触动学生内在的真实情绪情感,将正确的理想信念融入学生自身的价值观体系中。那么,如何才能触及学生的内心、引发学生的共鸣呢?

树立榜样是情感认同的提升方式。榜样展现了道德的美好,使人产生高尚的道德感。榜样的故事能给社会成员带来感动、赞叹和向往,把人心中的美好情感和美好愿望激发出来,感受到社会主义核心价值观给社会带来的美好,使社会成员对核心价值观产生积极情感。榜样被社会认可,受到鼓励和赞美,能触发社会成员对美好情感体验的向往,进而学习榜样的行为,得到社会的承认,体现自身的价值感(邓凯文,2016)。"女排精神"就是利用榜样力量提升民族自尊、引发情感共鸣的极好例子。

2016年里约奥运会上,"女排精神"再次引发中华儿女的情感共鸣。她们曾不被外界看好,却越战越勇,一次次比分落后却奋起直追,一次次被逼到失利边缘,却靠顽强的意志扭转局面。郎平在赛后接受采访时说:"我们虽然遇到了困难,但是我们打好每一场球,每一个球,这就是我们获胜的秘诀。"(赵毅炜,2016)的确,女排姑娘就是这样在逆境中通过不屈不挠的意志和顽强的斗志成功站上冠军领奖台的。

说起"女排精神",其源于20世纪80年代初中国女排在一系列国际大赛中斩获五次冠军,其内涵被总结为"无私奉献、团结协作、艰苦创业、顽强拼搏、自强不息"。处于改革开放初期的中国,百废待兴,老百姓们在女排姑娘身上看到了希望,中国人的自尊、自强在排球赛场酣畅淋漓的扣杀中得以体现(舒胜芳,2008)。女排夺得三连冠后,各种媒体更是加大了对"女排精神"的宣传力度,更多的中国人在女排身上真实地体会到一种从未有过的自豪感。"女排精神"广为传颂,其实就是在向国人和全世界庄严宣告中华民族崛起的信心和能力。从某种意义上说,"女排精神"因契合时代需要,不仅成为体育领域的品牌意志,更被强烈地升华为民族面貌的代名词,演化成指代社会文化的一种符号。"女排精神"曾是时代的主旋律,是中华民族精神的象征,影响了几代人积极投身到改革开放和社会主义现代化建设的伟大事业当中(张海强,2005)。

30多年前,"女排精神"曾经为刚刚打开国门的一代国人,起到了自信、自强、奋进的激励作用(慈鑫,2016),30多年后的今天,在新的时代背景下,国人依然为之动容,也许是因为女排姑娘们在竞技场上面对强手绝不服输、拼搏到底的精神,具有震撼人心的强大动力,更可能是因为"女排精神"已经成为中华民族艰难崛起进程中的诸多精神丰碑之一。大家为"女排精神"点赞的时候,更是在为一段时代征程、一部精神史诗点赞(王玉宝,2016)。"女排精神"凝聚了理想的追求、奋斗的价值、精神的力量,这种精神背后是一种信念与梦想,是把国家利益、民族利益和每个人的具体利益紧密联系在一起的中华民族伟大复兴中国梦。中国梦成就了女排精神,中国梦的实现也需要"女排精神"(武亚姮,2016)。在新的历史时期,要继续挖掘"女排精神"的内核,比如勤奋加智慧的成功模式,寻找其与当今时代的契合点。

"女排精神"产生于人人可以参与的体育运动,产生于超越国界的奥林匹克竞技场上,吸引着社会大众的关注,振奋着广大人民的内心,每个人或多或少都将"中国女排"与自我建立了某种联系,引发出某种亲近感,在某种程度上提升了个体的内隐自尊,因而更容易认同女排精神,认同那种生长于逆境却又在困难中顽强拼搏、精诚团结、坚忍不拔的精神,认同女排姑娘们身上的中华特质和女排精神的根本——中国梦。应该说,弘扬"女排精神",能增强推进民族复兴的战略定力、闯关实力、创新活力和整体合力,将凝聚起实现中华民族伟大复兴中国梦的磅礴力量,助力民族复兴(赵周贤、刘光明,2016)。

大学生思想政治工作也需要挖掘更多既有历史积淀又符合时代特点的典型人物和典型事件,让榜样成为触及大学生心底自我的精神力量。在树立榜样的同时,还需要注重挖掘基层一线的平凡人、身边人的不平凡故事,不断凝聚正能量,拓宽人民群众对社会主义核心价值观的认知途径,让人民群众切实感受到,践行社会主义核心价值观并不是高不可攀的,而是可望且可及的。每个人都能从自己做起,从身边小事做起,勿以恶小而为之,勿以善小而不为(欧阳沁、赵晓杰、王小龙,2016)。

第四节 注重体验实践,促进认同固化

大学生在经过对社会主义核心价值观的自信认知、达到情感共鸣之后,需要最终落实到践行社会主义核心价值观的实际行动上,并在践行的过程中加深对社会主义核心价值观的理解和认同,真正将社会主义核心价值观纳入自己的世界观、人生观和价值观体系之中。

大学生认同核心价值观是其践行核心价值观的先导,大学生践行核心价值观是其认同核心价值观的体现(李庆春,2017)。践行核心价值观的动力机制,是推动大学生践行社会主义核心价值观的各种力量及其产生、传输并发生作用的机理和方式。它是由以思想政治教育为核心的导引机制、以满足发展需要为核心的内驱机制和以培养实践能力为核心的推动机制等三个具体机制所组成(刘峥,2012)。

思想政治教育可以采取隐性形式,即教育者通过隐性课程、文化传统和环境情境等有效载体,将思想政治教育所要表达的内涵凸显出来,以生动活泼、喜闻乐见的形式渗透到受教育者的日常学习、工作、生活中,使他们潜移默化地获得身心和个性发展并

渗入价值观、理想信念和道德观念中(陈晓娇,2015)。

如前文所述,高校组织气氛与大学生心理健康、内隐自尊都有着紧密的联系,而内隐自尊调节着外显自尊与建议采纳的关系。高校组织气氛越好,大学生心理健康水平越高,大学生内隐自尊水平越高;大学生内隐自尊水平越高,对高校组织气氛的感知能力越强,大学生心理健康水平也越高;反之亦然。可见,高校中人文环境和网络文化氛围的积极营造及正向引导,不仅有利于大学生身心健康的全面发展,而且有利于高校开展思想政治教育工作。可以考虑将社会主义核心价值体系的思想、立场和观点融入思想政治理论课教学之中,贯穿于学生管理服务全过程,寓于校园文化建设的全方位。通过高校文化氛围的营造,启动高内隐自尊,能使那些低外显自尊的学生更容易接受思想政治教育中的正确理念,同时让高外显自尊的学生更多参与高校组织文化氛围的营造,也能更多激发这类学生对思政教育理念的认同。

在高校校园精神文明建设中,应注重社会主义核心价值观的融入,引导培育健康向上的校园文化氛围,打造精品校园文化品牌,在文学、美术、音乐、舞蹈、体育、影视、演讲、辩论等活动中,全方位、立体式地熏陶浸润大学生,提升其文化修养和审美品位,增强识别假恶丑的能力,从内隐层面提高政治素养与道德判断能力。

在校园网络文化建设中,应同样注重发挥自媒体时代虚拟环境的渗透教育功能,运用丰富多彩、兼具思想性和娱乐性的信息资源吸引学生眼球,使他们自愿浏览富有教育意蕴的互联网资源,让学生参与网上辩论、网上调查等活动,有效利用学生自由发表意见、表露真实想法的平台,让学生参与到思想政治教育工作中来,用学生自身熟悉的话语体系实现自我教育(彭小兰、童建军,2009),同时防止反动的、消极的、负面的信息滋生蔓延,消除有害信息对学生价值观的影响。

体验式学习方式符合大学生身心发展的需要,它强调即时体验产生的感受,讲究学习主体的反思和领悟,以分享总结经验,解决问题为导向,注重观念和态度的改变。体验式学习最终要实现的目的是通过改变学习者的态度和观念来开启学习者的所有潜能,并使他们将这些潜能真正运用于实际工作中,最终带来最优的个人绩效(任长江,2004)。内隐自尊位于大学生人格的核心位置,调节着外显自尊与建议采纳的关系。如果能将隐性思想政治教育与内隐自尊提升相结合,让学生在认同中国特色社会主义和中国梦、采取正确行为的同时,体验到自我的高内隐自尊,相信一定会取得好的教育效果。要让大学生有体验、有感受、有触动、有领悟,就需要创设贴近学生、贴近实际、贴近生活的践行平台,将践行社会主义核心价值观融入人才培养之中。

大学生践行社会主义核心价值观的途径也是极其丰富的,主要包括课外践行途径、日常修养途径和社会实践途径三大类。课外践行核心价值观指的是大学生通过党团组织活动、社团组织活动和青年志愿者活动等课外活动宣扬社会主义核心价值观的行为;日常修养途径则指大学生在思想情操修养过程中注重核心价值观的体验,在优良学风养成过程中注重核心价值观的指导,在生活作风修养过程中注重核心价值观的体现;社会实践途径指的是大学生要注重通过开展社会调研反映、体察民情民生,宣传核心价值观,通过加强教学实习深入生产一线推进核心价值观大众化,通过普及"三下乡"活动秉承核心价值观,致力于服务社会(刘峥,2012)。

大学生们可以在深入社区、农村调研中,体验改革开放和社会主义现代化建设的伟大成就,增强自己对基本国情的了解,加深自己对全面建设小康社会的认识,增强作为中华儿女的自豪感和自信心;在"三下乡"、志愿服务、基层锻炼中,深化自己对构建社会主义和谐社会的认识,增强忧患意识和大局观念;在参观爱国主义教育基地中,激发自己的爱国热情,弘扬中华民族的内在精神;在勤工助学、实习实践中,培养自己艰苦奋斗、自立自强的品质和友善互助的情操(谢静、陈赛,2011)。

"挑战杯"全国大学生课外学术科技作品竞赛(以下简称"挑战杯"竞赛)自1989年首届竞赛举办以来,始终坚持"崇尚科学、追求真知、勤奋学习、锐意创新、迎接挑战"的宗旨,在促进青年创新人才成长、深化高校素质教育、推动经济社会发展等方面发挥了积极作用("挑战杯"官网,2017)。第十五届"挑战杯"竞赛决赛于2017年秋季在上海大学举办,这对上海大学和所有上大人来说都是一次难得的机遇和挑战。"挑战杯"竞赛需要把握新形势新战略条件,创新人才培养需要注入时代新内涵,而社会主义核心价值观的引领显得尤为重要。在自然科学类学术论文、哲学社会科学类社会调查报告和学术论文、科技发明制作三大类中,都可以渗透社会主义核心价值观的元素。通过"挑战杯"竞赛的导向,让社会主义核心价值观融入人才培养,提升育人水平,通过培养学生动手能力和创新精神,营造良好的学术文化氛围,以"挑战杯"竞赛为契机,积极开展学术科创活动,充分发挥校园文化的导向功能和感染力,助力学生全面发展和成长成才(闻羽,2015)。而大学生自身的全面发展和成长成才,必将使得他们的内隐自尊得以提升,从而更加认同和固化社会主义核心价值观,进而能够更好地践行社会主义核心价值观。

APPENDIX 1>> 附录 1

研究一中 GNAT 实验所使用的刺激材料

表示自我的词共 10 个：我、我的、自己、自己的、本人、本人的、自个、自个的、俺、俺的。

表示他人的词共 10 个：他、他的、别人、别人的、他人、他人的、旁人、旁人的、外人、外人的。

积极属性词共 10 个：聪明、有价值、强壮、自信、可爱、正直、有能力、受尊敬、高尚、成功。

积极情感词共 10 个：爱抚、健康、快乐、钻石、荣誉、金钱、幸运、和平、真理、拥抱。

消极属性词共 10 个：愚蠢、丑陋、失败、无能、虚弱、自卑、卑鄙、笨拙、可耻、可恨。

消极情感词共 10 个：虐待、尸体、痛苦、垃圾、死亡、悲伤、残忍、打击、毒药、折磨。

APPENDIX 2>> 附录 2

Rosenberg 自尊量表(the self-esteem scale, SES)

姓名：　　性别：　　年龄：　　专业：

您好！感谢您参与我们的实验,实验结果仅供研究之用,我们会为您保密！这一研究旨在了解您对自己的一些看法和评价,每个人对这些问题都会有不同的看法,回答也是不同的,答案没有对错之分,希望您完全根据自己的实际情况选择最适合您的选项,不要有任何顾虑。

请注意：您的回答是您实际上认为自己怎样,而不是回答您认为您应该怎样。请在选项前的数字上打钩(√)或画圈(○)。

谢谢您真诚的合作！

1. 我感到我是一个有价值的人,至少与其他人在同一水平上。

(1) 非常符合　(2) 符合　(3) 不符合　(4) 非常不符合

2. 我觉得我有很多优点。

(1) 非常符合　(2) 符合　(3) 不符合　(4) 非常不符合

3. 归根到底,我倾向于认为自己是一个失败者。

(1) 非常符合　(2) 符合　(3) 不符合　(4) 非常不符合

4. 我能像大多数人一样把事情做好。

(1) 非常符合　(2) 符合　(3) 不符合　(4) 非常不符合

5. 我觉得自己没有什么值得自豪的地方。

(1) 非常符合　(2) 符合　(3) 不符合　(4) 非常不符合

6. 我对自己持有一种肯定的态度。

(1) 非常符合　(2) 符合　(3) 不符合　(4) 非常不符合

7. 总的来说,我对自己感到满意。

(1) 非常符合　(2) 符合　(3) 不符合　(4) 非常不符合

8. 我希望我能为自己赢得更多尊重。

(1) 非常符合　(2) 符合　(3) 不符合　(4) 非常不符合

9. 有时我的确感到自己毫无用处。

(1) 非常符合　(2) 符合　(3) 不符合　(4) 非常不符合

10. 我时常认为自己一无是处。

(1) 非常符合　(2) 符合　(3) 不符合　(4) 非常不符合

REFERENCE>

参考文献

一、英文文献

[1] Adolphs, R. Social cognition and the human brain [J]. Trends in Cognitive Sciences, 1999, 3(12): 469−479.

[2] Adolphs, R., Tranel, D., & Damasio, A. R. The human amygdale in social judgment [J]. Nature, 1998, 393: 470−474.

[3] Adolphs, R., Tranel, D., Hamann, S., et al. Recognition of facial emotion in nine subjects with bilateral amygdala damage[J]. Neuropsychologia, 1999, 37: 1111−1117.

[4] Aidman, E. V. & Carroll, S. M. Implicit Individual differences: relationships between implicit self-esteem, gender identity, and gender attitudes [J]. European Journal of Personality, 2003, 17(1): 19−37.

[5] Allison, T., McCarthy, G., Nobre, A., et al. Human extrastriate visual cortex and the perception of faces, words, numbers and colors [J]. Cerebral Cortex, 1994, 4(5): 544–554.

[6] Alloy, L. B., & Abramson, L. Y. Depressive realism: Four theoretical perspectives [M]. In L. B. Alloy (Ed.), Cognitive processes in depression. New York: Guilford, 1988: 223–265.

[7] An, S.K., Lee, S.J., Lee, C.H., et al. Reduced P3 amplitude by negative facial emotional photographs in schizophrenia [J]. Schizophrenia Research, 2003, 64(2–3): 125–135.

[8] Anderson, C. A. Attribution Style, Depression, and Loneliness: A Cross-Cultural Comparison of American and Chinese Students [J]. Personality and Social Psychology Bulletin, 1999, 25: 482–499.

[9] Anllo-Vento, L., & Hillyard, S. A. Selective attention to the color and direction of moving stimuli: Electrophysiological correlates of hierarchical feature selection [J]. Perception and Psychophysics, 1996, 58: 191–206.

[10] Aspinwall, L. G., & Taylor, S. E. Effects of social comparison direction, threat, and self-esteem on affect, self-evaluation, and expected success [J]. Journal of Personality and Social Psychology, 1993, 64: 708–722.

[11] Baccus, J. R., Baldwin, M. W., & Packer, D. J. Increasing implicit self-esteem through classical conditioning [J]. Psychological Science, 2004, 15: 498–502.

[12] Banaji, M. R., Greenwald, A. G., & Rosier, M. Implicit esteem: When collectives shape individuals [C]. Paper presented at the Preconference on Self, Toronto, Canada, 1997.

[13] Banaji, M. R., & Hardin, C. D. Automatic stereotyping[J]. Psychological Science, 1996, 7(1): 136 – 141.

[14] Baron-Cohen, S. Mindblindness: An essay on autism and theory of mind[M]. MIT Press/Bradford Books, 1995.

[15] Baron-Cohen, S., Ring, H. A., Bullmore, E. T., et al. The amygdala theory of autism[J]. Neuroscience and Biobehavioral Reviews, 2000, 24: 355 – 364.

[16] Baron-Cohen, S., Ring, H., Wheelwright, S., et al. Social intelligence in the normal and autistic brain: An fMRI study [J]. European Journal of Neuroscience, 1999, 11: 1891 – 1898.

[17] Bar-On, R., Tranel, D., Denburg, N. L., et al. Exploring the neurological substrate of emotional and social intelligence[J]. Brain, 2003, 126: 1790 – 1800.

[18] Baumeister, R. F., Campbell, J. D., Krueger, J. I., et al. Does high self-esteem cause better performance, interpersonal success, happiness, or healthier lifestyles? [J]. Psychological Science in the Public Interest, 2003, 4(1): 1 – 44.

[19] Baumeister, R. F., Smart, L., & Boden, J. M. Relation of threatened egotism to violence and aggression: The dark side of high self-esteem [J]. Psychological Review, 1996, 103: 5 – 33.

[20] Baumeister, R. F., & Tice, D. M. Self-esteem and responses

to success and failure: Subsequent performance and intrinsic motivation[J]. Journal of Personality, 1985, 53: 450-467.

[21] Baumeister, R. F., Tice, D. M., & Hutton, D. G. Self-presentational motivations and personality differences in self-esteem[J]. Journal of Personality, 1989, 57: 547-579.

[22] Beauregard, K. S., & Dunning, D. Turning up the contrast: Self-enhancement motives prompt egocentric contrast effects in social judgments [J]. Journal of Personality and Social Psychology, 1998, 74(3): 606-621.

[23] Beck, A. T., Ruch, A. J., Shaw, B. F., & Emery, G. Cognitive therapy of depression [M]. New York: Guilford Press, 1979.

[24] Bennett, D. H., & Holmes, D. S. Influence of denial (situational redefinition) and projection on anxiety associated with threat to self-esteem[J]. Journal of Personality and Social Psychology, 1975, 32: 915-921.

[25] Bentin, S., Allison, T., Puce, A., et al. Electrophysiological studies of face perception in humans[J]. Journal of Cognitive Neuroscience, 1996, 8(6): 551-565.

[26] Bentin, S., Deouell, L. Structural encoding and identification in face processing: ERP evidence for separate processes[J]. Journal of Cognitive Neuropsychology, 2000, 17 (1-3): 35-54.

[27] Bentin, S., & Peled, B-S. The contribution of task-related factors to ERP repetition effects as short and long lags[J]. Memory and Cognition, 1990, 18: 359-366.

[28] Bernat, E., Bunce, S., & Shevrin, H. Event-related brain potentials differentiate positive and negative mood adjectives during both supraliminal and subliminal visual processing[J]. International Journal of Psychophysiology, 2001, 42(1): 11 - 34.

[29] Blaine, B., & Crocker, J. Self-esteem and self-serving bias in reactions to positive and negative events [M]. In: R. F. Baumeister. ed. Self-Esteem: The Puzzle of Low Self-Regard. New York: Plenum Press, 1993.

[30] Blair, I. V., & Banaji, M. R. Automatic and controlled processes in stereotype priming[J]. Journal of Personality and Social Psychology, 1996, 70(6): 1142 - 1163.

[31] Bolognini, M., Plancherel, B., & Halfon, O. Self-esteem and mental health in early adolescence: Development and gender differences[J]. Journal of Adolescence, 1996, 19: 233 - 245.

[32] Bonner, E. S. The impact of implicit self-esteem on implicit and explicit prejudice[J]. Dissertation Abstracts International: Section B: The Sciences & Engineering, 2003, 63 (9 - B): 4414.

[33] Bosson, J. K., Brown, R. P., Zeigler-Hill, V. & Swann, W. Self-enhancement tendencies among people with high explicit self-esteem: The moderating role of implicit self-esteem[J]. Self and Identity, 2003, 2(3): 169 - 187.

[34] Bosson, J. K., Swann, W. B., & Pennebaker, J. W. Stalking the perfect measure of self esteem: The blind men and the elephant revisited [J]. Journal of Personality & Social

Psychology, 2000, 79: 631 - 643.

[35] Brothers, L. The social brain: A project for integrating primate behaviour and neurophysiology in a new domain[J]. Concepts in Neuroscience, 1990, 1: 27 - 51.

[36] Brown, J. D. Evaluations of self and others: Self-enhancement biases in social judgments[J]. Social Cognition, 1986, 4: 353 - 376.

[37] Brown, J. D. Evaluating one's abilities: Shortcuts and stumbling blocks on the road to self-knowledge[J]. Journal of Experimental Social Psychology, 1990, 26: 149 - 167.

[38] Brown, J. D. The self[M]. McGraw-Hill, New York, 1998.

[39] Brown, J. D., & Dotton, K. A. The thrill of victory, the complexity of defeat: Self-esteem and people's emotional reactions to success and failure[J]. Journal of Personality and Social Psychology, 1995, 68: 712 - 722.

[40] Bruce, V., Young, A., & Young, A. W. In the eye of the beholder: The science of face perception[M]. Oxford UK: Oxford University Press, 1998: 111 - 113.

[41] Burish, J. D., & Houston, B. K. Causal projection, similarity projection and coping with threat to self-esteem[J]. Journal of Personality, 1979, 47: 57 - 70.

[42] Bush, G., Luu, P., & Posner, M. I. Cognitive and emotional influences in anterior cingulate cortex[J]. Trends in Cognitive Sciences, 2000, 4: 215 - 222.

[43] Butler, A. C., Hokanson, J. E., & Flynn, H. A. A comparison of self-esteem lability and low self-esteem as

vulnerability factors for depression[J]. Journal of Personality and Social Psychology, 1994, 66: 166-177.

[44] Cacioppo, J. T., & Berntson, G. G. Relationship between attitudes and evaluative space: a critical review, with emphasis on the separability of positive and negative substrates [J]. Psychology Bulletin, 1994, 115: 401-423.

[45] Campbell, J. D. Self-esteem and clarity of the self-concept[J]. Journal of Personality and Social Psychology, 1990, 59: 538-549.

[46] Campbell, J. D., & Lavallee, F. L. Who Am I? The Role of Self-confusion in Understanding the Behavior of People with Low Self-esteem[M].in R.F. Baumeister eds: Self-esteem-the Puzzle of Low Self-regarded, Plenum Press, New York, 1993.

[47] Calder, A. J., Lawrence, A. D., Keane, J., et al. Reading the mind from eye gaze[J]. Neuropsychologia, 2002, 40: 1129-1138.

[48] Cauquil, A.S., Edmonds, G.E., & Taylor, M. J. Is the face-sensitive N170 the only ERP not affected by selective attention? [J]. Neuroreport, 2000, 11(10): 2167-2171.

[49] Conner, T. & Barrett, L. F. Implicit self-attitudes predict spontaneous affect in daily life[J]. Emotion, 2005, 5(4): 476-488.

[50] Cook, K. E., Park, L., & Greenwald, A. G. Implicit associations and women's commitment to math, science and engineering [C]. Paper presented at the American Psychological Society conference, Miami, FL, 2000.

[51] Craik, F. I. M., Moroz, T. M., Moscovitch, M., et al. In search of the self: a positron emission tomography study[J]. Psychological Science, 1991, 10(1): 26-34.

[52] Crocker, J., & Major, B. Social stigma and self-esteem: The self-protective properties of stigmas[J]. Psychological Review, 1989, 96: 608-630.

[53] Crosby, F. The denial of personal discrimination[J]. American Behavioral Scientist, 1984, 27: 371-386.

[54] Crosby, F. J., Pufall, A., Synder, R. C., O'Connel, M., & Whalen, P. The denial of personal disadvantage among you, me, and all the other ostriches[M]. In M. Crawford and M. Gentry (Eds). Gender and Thought: Psychological Perspectives. Springer-Verlag, 1989.

[55] Cunningham, W. A., Johnson, M. K., Gatenby, J. C., Gore, J. C., & Banaji, M. R. Neural components of social evaluation [J]. Journal of Personality and Social Psychology, 2003, 85 (4): 639-649.

[56] Daniel, V. M., Rebecca, P., Michael, J. M., et al. Task Analysis Complements Neuroimaging: An example from working memory research[J]. Neuroimage, 2004, 21(3): 1026-1036.

[57] Dasgupta, N., McGhee, D. E., Greenwald, A. G., & Banaji, M. R. Automatic preference for White Americans: Eliminating the familiarity explanation[J]. Journal of Experimental Social Psychology, 2000, 36: 316-328.

[58] Davies, M., & Stone, T. (eds). Folk Psychology: The Theory

of Mind Debate[M]. Oxford: Blackwell, 1995a.

[59] Davies, M., & Stone, T. (eds). Mental Simulation: Evaluations and Applications[M]. Oxford: Blackwell, 1995b.

[60] DeHart, T., Murray, S. L., Pelham, B. W., & Rose, P. The regulation of dependency in mother-child relationships [J]. Journal of Experimental Social Psychology, 2003, 39: 59 - 67.

[61] DeHart, T., Pelham, B. W., & Tennen, H. What lies beneath: Parenting style and implicit self-esteem[J]. Journal of Experimental Social Psychology, 2006, 42: 1 - 17.

[62] De Houwer, J. A structural and Process Analysis of the Implicit Association Test [J]. Journal of Experimental Social Psychology, 2001, 37: 443 - 451.

[63] De Jong, P. J. Implicit self-esteem and social anxiety: Differential self-favouring effects in high and low anxious individuals[J]. Behaviour Research and Therapy, 2002, 40: 501 - 508.

[64] De Raedt, R., Schacht, R., Franck, E., & De Houwer, J. Self-esteem and depression revisited: Implicit positive self-esteem in depressed patients? [J]. Behaviour Research and Therapy, 2006, 44(7): 1017 - 1028.

[65] Deaux, K., & Emswiller, T. Explanations for successful performance on sex-linked tasks: What is skill for the male is luck for the female [J]. Journal of Personality and Social Psychology, 1974, 29: 80 - 85.

[66] Decety, J., & Sommerville, J. A. Shared representations between self and other: A social cognitive neuroscience view

[J]. Trends in Cognitive Sciences, 2003, 7(12): 527-533.

[67] Devine, P. G. Stereotypes and prejudice: Their automatic and controlled components [J]. Journal of Personality and Social Psychology, 1989, 56: 5-18.

[68] Diener, E., & Diener, M. Cross-cultural correlates of life satisfaction and self-esteem [J]. Journal of Personality and Social Psychology, 1995, 68: 653-663.

[69] Diener, E. D., Oishi, S., & Lucas, R. E. Personality, culture, and subjective well-being: Emotional and cognitive evaluations of life[J]. Annual Reviews Psychology, 2003, 54: 403-425.

[70] Dietrich, D. E., & Waller, C. Differential effects of emotional content on event-related potentials in word recognition memory [J]. Neuropsychobiology, 2001, 43(2): 96-101.

[71] Dijksterhuis, A. I like myself but I don't know why: Enhancing implicit self-esteem by subliminal evaluative conditioning[J]. Journal of Personality and Social Psychology, 2004, 86: 345-355.

[72] Ditto, P. H., & Lopez, D. F. Motivated skepticism: Use of differential decision criteria for preferred and nonpreferred conclusions[J]. Journal of Personality and Social Psychology, 1992, 63: 568-584.

[73] Dodgson, P. G., & Wood, J. V. Self-esteem and the cognitive accessibility of strengths and weaknesses after failure [J]. Journal of Personality and Social Psychology, 1998, 75: 178-197.

[74] Doherty, J. O., Winston J, Critchley, H., et al. Beauty in a

smile: the role of medial orbitofrontal cortex in facial attractiveness[J]. Neuropsychologia, 2003, 41: 147-155.

[75] Donchin, E. Surprise! ... Surprise? [J]. Psychophysiology, 1981, 18: 493-515.

[76] Donchin, E., & Coles, M. G. H. Is the P300 component a manifestation of cognitive updating? [J]. The Behavioral and Brain Sciences, 1988, 11: 357-427.

[77] Duval, T. S., & Silvia, P. J. Self-Awareness, Probability of Improvement, and the Self-Serving Bias [J]. Journal of Personality and Social Psychology, 2002, 82(1): 49-61.

[78] Eimer, M. Event-related brain potentials distinguish processing stages involved in face perception and recognition[J]. Clinical Neurophysiology, 2000, 111(4): 694-705.

[79] Epstein, S. the implications of cognitive-experiential self-theory for research in social psychology and personality[J]. Journal for the theory of social behavior, 1985, 15: 283-309.

[80] Epstein, S. Cognitive-experiential self-theory [M]. In L. A. Pervin (Ed.), Handbook of personality: Theory and research. New York: Guilford Press. 1990: 165-192.

[81] Epstein, S. Integration of the cognitive and the psychodynamic unconscious[J]. American Psychologist, 1994, 49: 709-724.

[82] Epstein, S., & Feist, G. J. Relation between self- and other-acceptance and its moderation by identification[J]. Journal of Personality and Social Psychology, 1988, 54: 309-315.

[83] Epstein, S., & Morling, B. Is the self motivated to do more than enhance and/or verify itself? [M]. In: M. H. Kernis

(Ed.). Efficacy, agency, and self-esteem. New York: Plenum, 1995: 9 - 29.

[84] Erhan, H., Borod, J. C., Tenke, C. E., et al. Identification of emotion in a dichotic listening task: Event-related brain potential and behavioral findings [J]. Brain and Cognition, 1998, 37: 286 - 307.

[85] Espinoza, P. Ingroup-stereotypic explanatory bias: Assessment and enhancement of ingroup stereotyping [J]. Dissertation Abstracts International: Section B: The Sciences and Engineering, 2004, 64(9 - B): 4676.

[86] Farnham, S. D. From implicit self-esteem to in-group favoritism [D]. Unpublished doctoral dissertation, University of Washington, Seattle, WA, 1999.

[87] Farnham, S. D., Greenwald, A. G., & Banaji, M. R. Implicit self-esteem [M]. In: D. Abrams & M. Hogg (Eds.), Social identity and social cognition. Oxford, UK: Blackwell, 1999: 230 - 248.

[88] Fazio, R. H., Jackson, J. R., Dunton, B. C., & Williams, C. J. Variability in automatic activation as an unobtrusive measure of racial attitudes: A bona fide pipeline? [J]. Journal of Personality and Social Psychology, 1995, 69: 1013 - 1027.

[89] Fazio, R. H., & Olson, M. A. Implicit measures in social cognition research: Their meaning and use [J]. Annual Review of Psychology, 2003, 54: 297 - 327.

[90] Fazio, R .H., Sanbonmatsu, D. M., Powell, M. C., & Kardes, F. R. On the automatic activation of attitudes [J]. Journal of

Personality and Social Psychology, 1986, 50: 229 -238.

[91] Feather, N. T. & Simon, J. G. Reactions to male and female success and failure in sex-linked occupations: Impressions of personality, causal attributions, and perceived likelihood of different consequences[J]. Journal of Personality and Social Psychology, 1975, 31(1): 20 - 31.

[92] Feingold, A. Gender differences in personality: A meta analysis[J]. Psychologycal Bulltin, 1994, 116: 429 - 456.

[93] Fernald, A. Approval and disapproval: Infant responsiveness to vocal affect in familiar and infamiliar languages [J]. Child Development, 1993, 64: 657 - 674.

[94] Fine C, Lumsden J, Blair R J. Dissociation between "theory of mind" and executive functions in a patient with early left amygdala damage[J]. Brain, 2001, 124: 287 - 298

[95] Fleming, J. S., Courtney, B. E. The dimensionality of self-esteem: II. Hierarchical facet model for revised measurement scales[J]. Journal of Personality and Social Psychology, 1984, 46: 404 - 421.

[96] Freeston, M. H., Rheaume, J., Letarte, H., et al. Why do people worry? [J]. Personality and Individual Differences, 1994, 17: 791 - 802.

[97] Friedman, D. ERPs during continuous recognition memory for words[J]. Biological Psychology, 1990, 30: 61 - 87.

[98] Frith, V., & Frith, C. The biological basis of social interaction [J]. Current Directions in Psychological Science, 2003, 10 (5): 151 - 155.

[99] Gailliot, M. T., & Schmeichel, B. J. Is implicit self-esteem really unconscious?: Implicit self-esteem eludes conscious reflection[J]. Journal of Articles in Support of the Null Hypothesis, 2006, 3(3): 73 – 83.

[100] Gailliot, M. T., Schmeichel, B. J., & Baumeister, R. F. Implicit self-esteem and terror management: Implicit self-esteem buffers against the effects of mortality salience[M]. Manuscript submitted for publication, 2005.

[101] Gallaghera, H. L., Happe, F., Brunswick, N., et al. Reading the mind in cartoons and stories: An fMRI study of "theory of mind" in verbal and nonverbal tasks [J]. Neuropsychologia, 2000,38: 11 – 21.

[102] Gawronski, B. What does the Implicit Association Test measure? A test of the convergent and discriminate validity of prejudice-related IATs[J]. Experimental Psychology, 2002, 49: 171 – 180.

[103] Gemar, M. C., Segal, Z. V., Sagrati, S., & Kennedy, S. J. Mood-induced changes on the implicit association test in recovered depressed patients [J]. Journal of Abnormal Psychology, 2001, 110: 282 – 289.

[104] Godijn, R., & Theeuwes, J. The relationship between exogenous and endogenous saccades and attention[M]. In J. Hyönä, R. Radach, & H. Deubel.(Eds.). The Mind's Eye: Cognitive and Applied Aspects of Eye Movement Research. Elsevier Science BV, 2003.

[105] Gray, H. M., Ambady, N., Lowenthal, W. T., & Deldin, P.

P300 as an index of attention to self-relevant stimuli [J]. Journal of Experimental Social Psychology, 2004, 40: 216 - 224.

[106] Greenwald, A. G. The totalitarian ego: Fabrication and revision of personal history [J]. American Psychologist, 1980, 35: 603 - 618.

[107] Greenwald, A. G., & Banaji, M. R. Implicit social cognition: Attitudes, self-esteem, and stereotypes [J]. Psychological Review, 1995, 102: 4 - 27.

[108] Greenwald, A. G., Banaji, M. R., Rudman, L. A., Farnham, S. D., Nosek, B. A., & Mellott, D. S. A unified theory of implicit attitudes, stereotypes, self-esteem, and self-concept[J]. Psychological Review, 2002, 109: 3 - 25.

[109] Greenwald, A. G., & Farnham, S. D. Using the Implicit Association Test to measure self-esteem and self-concept[J]. Journal of Personality and Social Psychology, 2000, 79: 1022 -1038.

[110] Greenwald, A. G., McGhee, D. E., & Schwartz, J. L. K. Measuring individual differences in implicit cognition: The implicit Association Test[J]. Journal of Personality and Social Psychology, 1998, 74: 1464 - 1480.

[111] Halgren, E. Endogenous potentials generated in the human hippocampal formation and amygdala by infrequent events[J]. Science, 1980, 210: 803 - 805.

[112] Hastie, R. Causes and effects of causal attribution [J]. Journal of Personality and Social Psychology, 1984, 46:

44-56.

[113] Heine, S. J., Lehman, D. R., Markus, H. R., & Kitayama, S. Is there a universal need for positive self-regard? [J]. Psychological Review, 1999, 106(4): 766-794.

[114] Hetts, J. J., & Pelham, B. W. A case for the nonconscious self-concept [M]. In G. B. Moskowitz, (Ed), Cognitive social psychology: The Princeton Symposium on the legacy and future of social cognition. Mahwah, NJ: Lawrence Erlbaum Associates, 2001: 105-123.

[115] Hetts, J., Sakuma, M., & Pelham, B. W. Two roads to positive regard: Implicit and explicit self-evaluation and culture[J]. Journal of Experimental Social Psychology, 1999, 35(6): 512-559.

[116] Hoosain, R. Psycholinguistic implications for linguistic relativity: A case study of Chinese [M]. Hillsdale, NJ: Lawrence Erlbaum Assocaites, 1991.

[117] Hoyle, R. H., Kernis, M.H., Leary, M.R., & Baldwin, M. W. Selfhood: Identity, Esteem, Regulation [M]. Westview Press, 1999

[118] Inhoff, A. W., Liu, W. The perceptual span and oculomotor activity during the reading of Chinese sentences[J]. Journal Experimental Psychology: Human Perception and Performance, 1998, 24(1): 20-34.

[119] Ito, T. A. & Cacioppo, J. T. Electrophysiological evidence of implicit and explicit categorization processes[J]. Journal of Experimental Social Psychology, 2000, 36: 666-676.

[120] Ito, T. A., Larsen, J. T., Smith, N. K., & Cacioppo, J. T. Negative information weighs more heavily on the brain: The negativity bias in evaluative categorizations [J]. Journal of Personality and Social Psychology, 1998, 75: 887-900.

[121] Jared, D., Levy, B. A., & Rayner, K. The role of phonology in the activation of word meanings during reading: evidence from proofreading and eye movements [J]. Journal of Experimental Psychology: General, 1999, 128 (3): 219-264.

[122] Johnson, R., Jr. The amplitude of the P300 component of the event-related potential: Review and synthesis [J]. Advances in Psychophysiology, 1988, 3: 69-137.

[123] Jones, J. T., Pelham, B. W., Mirenberg, M. C., & Hetts, J. J. Name letter preferences are not merely mere exposure: Implicit egotism as self-regulation [J]. Journal of Experimental Social Psychology, 2002, 38: 170-177.

[124] Jordan, C. H., Spencer, S. J., Zanna, M. P., et al. Secure and defensive high self-esteem [J]. Journal of Personality and Social Psychology, 2003, 85(5): 969-978.

[125] Josephs, R. A., Larrick, R. P., Steele, C. M., & Nisbett, R. E. Protecting the self from the negative consequences of risky decisions [J]. Journal of Personality and Social Psychology, 1992, 62: 26-37.

[126] Josephs, R. A., Markus, H. R., & Tafarodi, R. W. Gender and self-esteem [J]. Journal of Personality and Social Psychology, 1992, 63: 391-402.

[127] Just, M. A., & Carpenter, P. A. A theory of reading: From eye fixations to comprehension [J]. Psychological Review, 1980, 87(4): 329-354.

[128] Karpinski, A., & Hilton, J. Attitudes and the implicit association test [J]. Journal of Personal and Social Psychology, 2001, 81: 774-788.

[129] Kawakami, K., & Dovidio, J. The reliability of implicit stereotyping[J]. Personality and Social Psychology Bulletin, 2001, 27: 212-225.

[130] Kitayama, S., & Karasawa, M. Implicit self-esteem in Japan: Name letters and birthday numbers[J]. Personality and Social Psychology Bulletin, 1997, 23(7): 736-742.

[131] Kelley, W. M., Macrae, C. N., Wyland, C. L., et al. Finding the self? An event-related fMRI study[J]. Journal of Cognitive Neuroscience, 2002, 14(5): 785-794.

[132] Kernis, M. H., Abend, T., Shrira, I., et al. Self-serving responses as a function of discrepancies between implicit and explicit self-esteem [J]. Self and Identity, 2005, 4(4): 311-330.

[133] Kernis, M. H., Grannemann, B. D., & Barclay, L. G. Stability and level of self-esteem as predictors of anger arousal and hostility [J]. Journal of Personality and Social Psychology, 1989, 56: 1013-1022.

[134] Killgore, W. D., & Yurgelun-Todd, D. A. Activation of the amygdale and anterior cingulated during nonconscious processing of sad versus happy faces[J]. Neuroimage, 2004,

21(4): 1215 -1223.

[135] Kircher, T. T. J., Senior, C., Philips, M. L., et al. Towards a functional neuroanatomy of self processing: Effects of faces and words [J]. Cognitive Brain Research, 2000, 10: 133 – 144.

[136] Kitayama, S., & Karasawa, M. Implicit self-esteem in Japan: Name letters and birthday numbers[J]. Personality and Social Psychology Bulletin, 1997, 23(7): 736 – 742.

[137] Kitayama, S., & Uchida, Y. Explicit self-criticism and implicit self-regard: Evaluating self and friend in two cultures [J]. Journal of Experimental Social Psychology, 2003, 39 (5): 476 – 482.

[138] Klein, W. M., & Kunda, Z. Maintaining self-serving social comparisons: Biased reconstruction of one's past behaviors [J]. Personality and Social Psychology Bulletin, 1993, 19: 732 – 739.

[139] Klein, S. B., Rozendal, K., & Cosmides, L. A social-cognitive neuroscience analysis of the self [J]. Social Cognition, 2001, 20(2): 105 – 135.

[140] Kok, A. Age-related changes in involuntary and voluntary attention as reflected in components of the event-related potential (ERP) [J]. Biological Psychology, 2000, 54: 107 – 143.

[141] Kok A. On the utility of P3 amplitude as a measure of processing capacity [J]. Psychophysiology, 2001, 38: 557 – 577.

[142] Koole, S. L. Volitional shielding of the self: Effects of action orientation and external demands on implicit self-evaluation [J]. Social Cognition, 2004, 22: 100 - 125.

[143] Koole, S. L., Dechesne, M., & van Knippenberg, A. The sting of death: Evidence that reminders of mortality undermine implicit self-esteem [M]. Unpublished manuscript, 2000.

[144] Koole, S. L., Dijksterhuis, A., & van Knippenberg, A. What's in a name: Implicit self-esteem and the automatic self [J]. Journal of Personality and Social Psychology, 2001, 80: 669 - 685.

[145] Koole, S. L., Smeets, K., Van Knippenberg, A., & Dijksterhuis, A. The cessation of rumination through self-affirmation[J]. Journal of Personality and Social Psychology, 1999, 77: 111 - 125.

[146] Krueger, J. Enhancement bias in the description of self and others[J]. Personality and Social Psychology Bulletin, 1998, 24: 505 - 516.

[147] Kunda, Z. The case for motivated reasoning[J]. Psychological Bulletin, 1990, 108: 480 - 498.

[148] Kulik, J. A. Confirmatory attribution and the perpetuation of social beliefs[J]. Journal of Experimental Social Psychology, 1983, 44(6): 1171 - 1181.

[149] Lambird, K. H., & Mann, T. When do ego threats lead to self-regulation failure? Negative consequences of defensive high self-esteem [J]. Personality and Social Psychology

Bulletin, 2006, 32(9): 1177-1187.

[150] Laurian, S., Bader, M., Lanares, J., et al. Topography of event-related potentials elicited by visual emotional stimuli [J]. International Journal of Psychophysiology, 1991, 10(3): 231-238.

[151] Leary, M. R., & Downs, D. L. Interpersonal functions of the self-esteem motive: The self-esteem system as a sociometer [M]. In M. Kernis (Eds.), Efficacy, agency and self-esteem. New York: Plenum, 1995: 123-144.

[152] Liu, W., Inhoff, A. W., Ye, Y., & Wu, C. Use of parafoveally visible characters during the reading of Chinese sentences [J]. Journal of Experimental Psychology: Human perception and performance, 2002, 28(5): 1213-1227.

[153] MacFarland, D., & Ross, M. The impact of causal attributions on affective reactions to success and failure [J]. Journal of Personality and Social Psychology, 1982, 43: 937-946.

[154] Maratos, E. J., & Rugg, M. D. Electrophysiological correlates of the retrieval of emotional and non-emotional context [J]. Journal of Cognitive Neuroscience, 2001, 13(7): 877-891.

[155] Markus, H., & Kitayama, S. Culture and self: Implications for cognition, emotion, and motivation [J]. Psychological Review, 1991, 98: 224-253.

[156] McGregor, I. & Marigold, D. C. Defensive zeal and the uncertain self: What makes you so sure [J]. Journal of

Personality and Social Psychology, 2003,85: 838-852.

[157] Meagher, B. E. & Aidman, E. V. Individual differences in implicit and declared self-esteem as predictors of response to negative performance evaluation: validating implicit association test as a measure of self-attitudes[J]. International Journal of Testing, 2004, 4(1): 19-42.

[158] Smelser, N. Self-esteem and social problems: An introduction. In Mecca, A., Smelser, N. J., & Vasconcellos, J. The social importance of self-esteem [M]. Berkeley: University of California Press. 1989: 1-23.

[159] Miller, E. K. The prefrontal cortex and cognitive control[J]. Nature Reviews Neuroscience, 2000, 1(1): 59-65.

[160] Miller, G. A. & Keller, J. Psychology and neuroscience: Making peace [J]. Current Directions in Psychological Science, 2000, 9(6): 212-215.

[161] Mitchell, J. P., Mason, M. F., Macrae, C. N., & Banaji, M .R. Thinking about others: The neural substrates of social cognition[M]. In: J. T. Cacioppa, P. S. Visser and C. L. Pickett (eds.), Social Neuroscience: People thinking about thinking people. Cambridge MA: MIT Press. 2006: 63-82.

[162] Morita, Y., Morita, K., Yamamoto, M., et al. Effects of facial affect recognition on the auditory P300 in healthy subjects[J]. Neuroscience Research, 2001, 41 (1): 89-95.

[163] Mruk, C. J. Self-esteem: Research, theory, and practice [M]. 2nd Edition, New York: Springer Publishing

Company, 1999: 9 – 31.

[164] Nobre, A. C., Allison, T., & McCarthy, G. Word recognition in the human inferiortemporal lobe[J]. Nature, 1994, 372: 260 – 263.

[165] Nosek, B. A., & Banaji, M. R. The go/no-go association task [J]. Social Cognition, 2001, 19(6): 625 – 666.

[166] Nosek, B. A., Banaji, M. R., & Greenwald, A. G. Math = Male, Me = Female, Therefore math ≠ Me [J]. Journal of Personality and Social Psychology. 2002, 83(1): 44 – 59.

[167] Ochsner, K. N., & Lieberman, M. D. The emergence of social cognitive neuroscience [J]. American Psychologist, 2001, 56(9): 717 – 734.

[168] Pahl, S., & Eiser, J. R. Valence, comparison focus and self-positivity biases [J]. Experimental Psychology, 2005, 52 (4): 303 – 310.

[169] Paulhus, D. L. Bypassing the will: The automatization of affirmations [M]. In D. M. Wegner & J. W. Pennebaker (Eds.), Handbook of mental control. Hillsdale, NJ: Psychology, 1993: 573 – 587.

[170] Pelham, B. W., Koole, S. L., Hardin, C. D., et al. Gender moderates the relation between implicit and explicit self-esteem[J]. Journal of Experimental Social Psychology, 2005, 41: 84 – 89.

[171] Pelham, B. W., & Hetts, J. J. Implicit and explicit personal and social identity: Toward a more complete understanding of the social self[M]. In: T. Tyler, R. Kramer, & O. John

(Eds.), The Psychology of the Social Self. New York: Erlbaum, 1999: 115 - 143.

[172] Peng, D. L., Orchard, L. N., & Stern, J. N. Evaluation of eye movement variables of Chinese and American readers[J]. Pavlovian Journal of Biological Science, 1983, 18 (2): 94 - 102.

[173] Phelps, E. A., O'Connor, K. J., Cunningham, W. A., et al. Funayama, E. S., Gatenby, J. C., Gore, J. C., & Banaji, M. R. Performance on indirect measures of race evaluation predicts amygdala activation [J]. Journal of Cognitive Neruoscience, 2000, 12: 729 - 738.

[174] Pizzagalli, D. A., Greischar, L. L., & Davidson, R. J. Spatio-temporal dynamics of brain mechanisms in aversive classical conditioning: High-density event-related potential and brain electrical tomography analyses[J]. Neuropsychologia, 2003, 41: 184 - 194.

[175] Polich, J., & Kok, A. Cognitive and biological determinants of P300: An integrative review[J]. Biological Psychology, 1995, 41: 103 - 146.

[176] Pratto, F., & John, O. P. Automatic vigilance: The attention-grabbing power of negative social information[J]. Journal of Personality and Social Psychology, 1991, 61: 380 - 391.

[177] Puce, A., Allison, T., Bentin, S., et al. Temporal cortex activation in humans viewing eye and mouth movements[J]. Journal of Neuroscience, 1998, 18(6): 2188 - 2199.

[178] Puce, A., Allison, T., McCarthy, G. Electrophysiological

studies of human face perception. III. Effects of top-down processing on face-specific potentials[J]. Cerebral Cortex, 1999, 9(5): 445–458.

[179] Regan, P. C., Snyder, M., & Kassin, S. M. Unrealistic optimism: Self-enhancement or person positivity [J]. Personality and Social Psychology Bulletin, 1995, 21: 1073–1082.

[180] Rhodes, N., & Wood, W. Self-esteem and intelligence affect influenceability: The mediating role of message reception[J]. Psychological Bulletin, 1992, 111: 156–171.

[181] Rhodewalt, F., Morf, C., Hazlett, S., & Fairfield, M. Self-handicapping: The role of discounting and augmentation in the preservation of self-esteem [J]. Journal of Personality and Social Psychology, 1991, 61: 122–131.

[182] Riketta, M. Gender and socially desirable responding as moderators of the correlation between implicit and explicit self-esteem [J]. Current Research in Social Psychology, 2005, 11(2): 14–28.

[183] Rothermund, K., & Wentura, D. Figure-ground asymmetries in Implicit Association Test[J]. Zeitschrift für Experimentelle Psychologie, 2001, 48: 94–106.

[184] Rudman, L. A. & Heppen, J. Implicit romantic fantasies and women's interest in personal power: A glass slipper effect? [J]. Personality and Social Psychology Bulletin, 2003, 29: 1357–1370.

[185] Rudman, L. A., & Kilianski, S. E. Implicit and explicit

attitudes toward female authority[J]. Personality and Social Psychology Bulletin, 2000, 26: 1315 – 1328.

[186] Sams, M., Paavilainen, P., Alho, K., et al. Auditory frequency discrimination and event-related potentials [J]. Electroencephalography and Clinical Neurophysiology, 1985: 437 – 448.

[187] Sato, W., Kochiyama, T., & Yoshikawa, S. Emotional expression boosts early visual processing of the face: ERP recording and its decomposition by independent component analysis[J]. Neuroreport, 2001, 12 (4): 709 – 714.

[188] Schapkin, S. A., Gusev, A. V., & Kunhl, J. Categorization of unilaterally presented emotional words: An ERP analysis [J]. Acta Neurobiol Exp (Warsz), 2000, 60 (1): 17 – 28.

[189] Scheier, M. F., & Carver, C. S. Effects of optimism on psychological and physical well-being: Theoretical overview and empirical update[J]. Cognitive Therapy and Research, 1992, 16(2): 201 – 228.

[190] Schimmack, U & Diener, E. Predictive validity of explicit and implicit self-esteem for subjective well-being[J]. Journal of Research in Personality, 2003, 37(2): 100 – 106.

[191] Sedikides, C. Assessment, enhancement, and verification determinants of the self-evaluation process [J]. Journal of Personality and Social Psychology, 1993, 65: 317 – 338.

[192] Sekaquaptewa, D., Espinaza, P., & Thompson, M., et al. Stereotypic explanatory bias: Implicit stereotyping as a predictor of discrimination[J]. Journal of Experimental Social

Psychology, 2003, 39: 75 - 82.

[193] Sekaquaptewa, D., & Espinoza, P. Biased processing of stereotype-incongruency is greater for low than high status group targets[J]. Journal of Experimental Social Psychology, 2004, 40(1): 128 - 135.

[194] Seligman, M. E. P. Learned optimism [M]. New York: Knopf, 1991.

[195] Seta, J. J., Donaldson, S., & Seta, C. E. Self-relevance as a moderator of self-enhancement and self-verification [J]. Journal of Research in Personality, 1999, 33(4): 442 - 462.

[196] Shavelson, R. J., & Bolus, R. Self-concept: The interplay of theory and methods[J]. Journal of Educational Psychology, 1982, 74: 3 - 17.

[197] Shimizu, M., & Pelham, B. W. The unconscious cost of good fortune: Implicit and explicit self-esteem, positive life events, and health[J]. Health Psychology, 2004, 23: 101 - 105.

[198] Smith, E. R. Model of social inference processes [J]. Psychological Review, 1984, 91: 392 - 413.

[199] Smith, E. R., & DeCoster, J. Dual-process models in social and cognitive psychology: Conceptual integration and links to underlying memory systems [J]. Personality and Social Psychological Review, 2000, 4: 108 - 131.

[200] Spalding, L. R. & Hardin, C. D. Unconscious unease and self-handicapping: Behavioral consequences of individual differences in implicit and explicit self-esteem [J]. Psychological Science, 1999, 10: 535 - 539.

[201] Steele, C. M. The psychology of self-affirmation: Sustaining the integrity of the self [M]. In L. Berkowitz (Ed.), Advances in experimental social psychology, New York: Academic Press, 1988, 21: 261–302.

[202] Steele, C. M., Spencer, S. J., & Lynch, M. Self-image resilience and dissonance: The role of affirmational resources [J]. Journal of Personality and Social Psychology, 1993, 64: 885–896.

[203] Sun, F., & Feng, D. Eye Movements in reading Chinese and English Text[M]. In J. Wang, A. W. Infhoff, H. C. Chen, (eds), Reading Chinese Script, A cognitive analysis, Lawerence Erlbaum Associates, Publishers, 1999: 189–204.

[204] Swann, W. B., Jr. To be adored or to be known? The interplay of self-enhancement and self-verification[J]. In R. M. Sorrentino & E. T. Higgins (Eds.), Motivation and cognition(Vol. 2). New York: Guilford Press. 1990: 408–448.

[205] Swann, W. B., Jr., Hixon, J. G., Stein-Seroussi, A., & Gilbert, D. T. The fleeting gleam of praise: Cognitive processes underlying behavioral reactions to self-relevant feedback[J]. Journal of Personality and Social Psychology, 1990, 59(1): 17–26.

[206] Swann, W. B., Jr., & Schroeder, D. G. The search for beauty and truth: A framework for understanding reactions to evaluations[J]. Personality and Social Psychology Bulletin, 1995, 21: 1307–1318.

[207] Taitano, E. K. Individual differences in emotional awareness and the lateralized processing of emotion [J]. Dissertation Abstracts International: Section B, 2001, 61 (10 - B): 5583.

[208] Tajfel, H., & Turner, J. C. The social identity theory of intergroup behavior[M].In S. Worchel & W. Austin (Eds.), Psychology of intergroup relations. Chicago: Nelson-Hall, 1986: 7 - 24.

[209] Taylor, S. E. Asymmetrical effects of positive and negative events: The mobilization-minimization hypothesis [J]. Psychological Bulletin, 1991, 110: 67 - 85.

[210] Taylor, S. E., & Brown, J. D. Illusion and well-being: A social psychological perspective on mental health [J]. Psychological Bulletin, 1988, 103: 193 - 210.

[211] Taylor, D. M., Wright, S. C., Moghaddam, F. M., & Lalonde, R. N. The personal/group discrimination discrepancy: Perceiving my group, but not myself, to be a target of discrimination[J]. Personality and Social Psychology Bulletin, 1990, 16: 254 - 262.

[212] Tesser, A. Toward a self-evaluation maintenance model of social behavior [M]. In L. Berkowitz (Ed.), Advances in experimental social psychology, New York: Academic Press, 1988, 21: 181 - 227.

[213] Tice, D. M. Esteem protection or enhancement? Self-handicapping motives and attributions differ by trait self-esteem [J]. Journal of Personality and Social Psychology,

1991, 60: 711 – 725.

[214] Tice, D. M. The social motivations of people with low self-esteem[J]. In R. F. Baumeister (Ed.), Self-esteem: The puzzle of low self-regard. New York: Plenum Press, 1993: 37 – 53.

[215] Verkuyten, Maykel. The puzzle of high self-esteem among ethnic minorities: Comparing explicit and implicit self-esteem [J]. Self and Identity, 2005, 4(2): 177 – 192.

[216] Vogeley, K., Bussfeld, P., Newen, A., et al. Mind reading: Neural mechanisms of theory of mind and self-perspective[J]. Neuroimage, 2001, 14(1): 170 – 181.

[217] Walton, D., & Bathurst, J. An exploration of the perceptions of the average driver's speed compared to perceived driver safety and driving skill [J]. Accident Analysis and Prevention, 1998, 30: 821 – 830.

[218] Weinstein, N. D., & Klein, W. M. Resistance of personal risk perceptions to debiasing interventions [J]. Health Psychology, 1995, 14: 132 – 140.

[219] Wiggins, J. D., Schatz, E. L., et al. The relationship of self-esteem to grades, achievement scores, and other factors critical to school success[J]. School Cunselor, 1994(4): 239 – 244.

[220] Wildgruber, D., Pihan, H., Ackermann, H., et al. Dynamic brain activation during processing of emotional intonation: Influence of acoustic parameters, emotional valence, and sex [J]. Neuroimage, 2002, 15: 856 – 869.

[221] Wilson, T. D., Lindsey, S., & Schooler, T. Y. A model of dual attitudes [J]. Psychological Review, 2000, 107: 101–126.

[222] Windmann, S., & Kutas, M. Electrophysiological correlates of emotion-induced recognition bias [J]. Journal of Cognition Neuroscience, 2001, 13(5): 577–592.

[223] Woike, B. A. Most-memorable experiences: Evidence for a link between implicit and explicit motives and social cognitive processes in everyday life [J]. Journal of Personality and Social Psychology, 1995, 68(6): 1081–1091.

[224] Wood, J. V., Giordano-Beech, M., Taylor, K. L., Michela, J. L., & Gaus, V. Strategies of social comparison among people with low self-esteem: Self-protection and self-enhancement [J]. Journal of Personality and Social Psychology, 1994(67): 713–731.

[225] Zeigler-Hill, V. Discrepancies between implicit and explicit self-esteem: Implications for narcissism and self-esteem instability [J]. Journal of Personality, 2006, 74(1): 119–143.

[226] Zuckerman, M. Attribution of success and failure revisited, or: The motivational bias is alive and well in attribution theory [J]. Journal of Personality, 1979, 47: 245–287.

二、中文文献

[1] 白学军,张兴利,阎国利.动词隐含因果关系在代词解决中的时间进程的眼动研究[J].心理学探新,2005,25(3):

19—23.

[2] 蔡华俭.内隐自尊的作用机制及特性研究[D].华东师范大学博士论文,2002.

[3] 蔡华俭.内隐自尊效应及内隐自尊与外显自尊的关系[J].心理学报,2003,35(6):796—801.

[4] 蔡华俭.外显自尊、内隐自尊与抑郁的关系[J].中国心理卫生杂志,2003,17(5):331—336.

[5] 蔡华俭,杨治良.内隐自尊的稳定性——成败操纵对内隐自尊的影响[J].心理科学,2003,26(3):461—464.

[6] 常丽,杜建政.内隐自尊的功能:缓冲器,还是滤波器[J].心理科学,2007,30(4):1017—1019.

[7] 陈水勇."四个自信":中国特色社会主义继续前进的定力[OL].南方网,http://opinion.southcn.com/o/2016-07/25/content_152186324.htm,2016-07-25/2017-02-15.

[8] 陈霞,肖之进.网络成瘾大学生内隐、外显自尊与社会支持系统的关系[J].北京教育学院学报(自然科学版),2014(4):18—23.

[9] 陈向阳.不同年级学生阅读课文和句子的眼动研究[D].天津师范大学博士论文,2000.

[10] 陈晓娇.新时期高校隐性思想政治教育的特点及其实现路径研究[J].科教导刊,2015(3X):65—66.

[11] 慈鑫.渴望与时代共振的女排精神[OL].中国青年报,http://zqb.cyol.com/html/2016-08/18/nw.D110000zgqnb_20160818_1-05.htm,2016-08-18/2017-08-07.

[12] 丛晓波,田录梅,张向葵.自尊:心理健康的核心——兼谈自尊的教育意境[J].东北师大学报,2005(1):144—148.

[13] 邓凯文.情感认同：培育社会主义核心价值观的着力点[J].广西社会科学,2016(12)：13—17.

[14] 邓铸.眼动心理学的理论、技术及应用研究[J].南京师范大学学报(社会科学版),2005(1)：90—95.

[15] 丁新华,王极盛.青少年主观幸福感研究述评[J].心理科学进展,2004,12(1)：59—66.

[16] 额尔敦,海明,郭政文,乌拉.对于大学生违纪现象的原因分析及其对策研究[J].内蒙古农业大学学报(社会科学版),2011,13(3)：179—180,183.

[17] 范蔚,陈红.中学生自我价值感与心理健康的相关研究[J].心理科学,2002,25(3)：352—353.

[18] 冯鹏志.从"三个自信"到"四个自信"——论习近平总书记对中国特色社会主义的文化建构[OL].人民网,http://theory.people.com.cn/n1/2016/0707/c49150-28532466.html,2016-07-07/2017-02-15.

[19] 高文凤,丛中.社交焦虑与大学生自尊、自我接纳的关系[J].健康心理学杂志,2000,8(3)：276—279.

[20] 高迎浩,陈永强,马云献.国外关于自尊与人际关系的研究综述[J].天中学刊,2005,20(3)：134—137.

[21] 高增明,赵连强.大学生内隐自尊攻击性与网络行为关系探究[J].中国校外教育,2013(27)：167.

[22] 葛明贵.性别加工的记忆效应与内隐性别刻板印象[J].心理科学,1998,21(3)：238—241.

[23] 耿晓伟.自尊自我概念对主观幸福感影响的内隐社会认知研究[D].浙江大学硕士论文,2005.

[24] 耿晓伟,郑全全.中国文化中自尊结构的内隐社会认知研究

[J].心理科学,2005,28(2):379—382.

[25] 耿晓伟,郑全全.自尊对主观幸福感预测的内隐社会认知研究[J].中国临床心理学杂志,2008,16(3):243—246.

[26] 古晓花.自尊对建议采纳的影响[D].苏州大学硕士论文,2014.

[27] 郭娟.大学生社会主义核心价值观塑造中的情感认同[N].光明日报,2016-01-02(6).

[28] 韩玉昌.眼动仪和眼动实验法的发展历程[J].心理科学,2000,23(4):454—457.

[29] 郝春东,韩锐,孙烨.外显自尊、内隐自尊与大学生创业意识的关系研究[J].心理研究,2014,7(1):85—90.

[30] 郝丽娜.大学生外显自尊、内隐自尊与自我表露的关系研究[D].内蒙古师范大学硕士论文,2011.

[31] 胡志海.大学生职业性别刻板印象的内隐研究[J].心理科学,2005,28(5):1122—1125.

[32] 黄仁辉,李洁,李文虎.自我服务偏向对自尊心理的保护及提示作用[J].中国临床康复,2005,9(12):164—165.

[33] 黄时华.中文句子和语篇阅读中的偏中央凹信息加工的眼动研究[D].华南师范大学硕士论文,2006.

[34] 黄宇霞,罗跃嘉.情绪的ERP相关成分与心境障碍的ERP变化[J].心理科学进展,2004,12(1):10—17.

[35] 贾永萍.内隐自尊和外显自尊与人际信任关系的研究[D].华南师范大学硕士论文,2006.

[36] 江坪.愿心中常有诗歌[OL].浙江日报,http://guancha.gmw.cn/2017-02/23/content_23802106.htm,2017-02-23/2017-02-23.

[37] 教育部.2016年大学生思想政治状况滚动调查出炉[OL].中国教育和科研计算机网,http://www.edu.cn/zhong_guo_jiao_yu/gao_deng/gao_jiao_news/201605/t20160531_1404411.shtml,2016-05-31/2017-02-15.

[38] 井世洁.当代大学生职业决策自我效能特点研究[J].宁波大学学报：教育科学版,2009,31(1)：36—40.

[39] 孔繁昌.自尊助推主观幸福感：2003—2013实证研究[J].西北师大学报(社会科学版),2015,52(5)：123—128.

[40] 李海江,杨娟,贾磊,张庆林.不同自尊水平者的注意偏向[J].心理学报,2011,43(8)：907—916.

[41] 李宽.违纪大学生与一般大学生的内隐自尊、外显自尊和心理防御机制对心理健康影响的比较研究[D].内蒙古师范大学硕士论文,2010.

[42] 李庆春.大学生社会主义核心价值观认同教育的思考[J].社会主义核心价值观研究,2017,3(3)：56—62.

[43] 李同归,加藤和生.成人依恋的测量：亲密关系经历量表(ECR)中文版[J].心理学报,2006,38(3)：399—406.

[44] 李晓东,袁冬华.内隐自尊与外显自尊对自我妨碍的影响[J].心理科学,2004,27(6)：1337—1339,1336.

[45] 李晓芳.内隐自尊、外显自尊与社交回避的研究[D].上海师范大学硕士论文,2007.

[46] 李志,李雪峰,万凤艳.当代大学生创业意识问卷的初步编制[J].心理学探新,2010(1)：85—89.

[47] 李志勇,吴明证.大学生自尊与社交焦虑的关系：无法忍受不确定性的中介作用[J].中国特殊教育,2013(5)：72—76.

[48] 栗文敏,刘丽.社交焦虑研究综述[J].教育理论与实践,

2007,27(4):37—39.

[49] 梁晓燕.大学生网络社会支持测评初探[J].心理科学,2008,31(3):689—691.

[50] 刘明.高中学生自尊水平与学业、人际成败归因方式关系研究[J].心理科学,1998,21(3):281—282.

[51] 刘翩翩.自我责任心的研究进展及其整合[J].时代教育:教育教学版,2011(4):208,213.

[52] 刘永芳.归因过程"背景效应假设"的初步实验研究[J].心理科学,1997,20(1):61—64.

[53] 刘永芳.归因理论及其应用[M].山东人民出版社,1998.

[54] 刘峥.大学生认同与践行社会主义核心价值观研究[D].中南大学博士论文,2012.

[55] 陆卫红,葛列众,李宏汀.面孔认知的事件相关电位研究进展[J].人类工效学,2004,10(2):26—28,34.

[56] 罗红格,张李斌,侯静朴.内隐自尊对抑郁的干预初探[J].才智,2015(29):300,302.

[57] 罗利,钟娟.大学生自尊与情绪调节的关系研究[J].内江师范学院学报,2013,28(6):60—63.

[58] 罗利,钟娟.情绪调节对大学生自尊与主观幸福感的中介作用[J].内江师范学院学报,2015,30(8):46—50.

[59] 罗跃嘉,魏景汉,翁旭初,卫星.汉字视听再认的ERP效应与记忆提取脑机制[J].心理学报,2001,33(6):489—494.

[60] 马爱国.聋生内隐自尊的初步研究[J].中国特殊教育,2006(3):25—27.

[61] 马芳.大学生数学观的内隐研究[D].华东师范大学硕士论文,2006.

[62] 欧阳沁,赵晓杰,王小龙.增强对社会主义核心价值观的情感认同、理论认同和实践认同[J].社会主义核心价值观研究,2016,2(1):70—74.

[63] 彭洪年.挫折情境对外显自尊及内隐自尊影响的实证研究[D].湖南师范大学硕士论文,2014.

[64] 彭小虎,罗跃嘉,魏景汉等.面孔识别的认知模型与电生理学证据[J].心理科学进展,2002,10(3):241—247.

[65] 彭小虎,罗跃嘉,卫星等.东西方异族效应机理的电生理学证据[J].心理学报,2003,35(1):50—55.

[66] 彭小兰,童建军.论思想政治教育中隐性教育的四个维度[J].江汉论坛,2009(3):140—143.

[67] 戚静,王晓明,李朝旭,李雯,赵娜.大学生外显—内隐自尊与人际信任的关系[J].心理研究,2011,4(4):83—87.

[68] 钱铭怡,黄学军,肖广兰.羞耻感与父母教养方式、自尊、成就动机、心理控制源的相关研究[J].中国临床心理学杂志,1999,7(3):147—149.

[69] 钱铭怡,肖广兰.青少年心理健康水平、自我效能、自尊和父母教养方式的相关研究[J].心理科学,1998,21(6):553—555.

[70] 任长江.体验式培训为什么能够兴起[J].人才瞭望,2004(6):13—14.

[71] 沈德立.学生汉语阅读过程的眼动研究[M].教育科学出版社,2001:87.

[72] 舒胜芳.女排精神产生的五大背景和精神[OL].腾讯体育,http://sports.qq.com/a/20081229/000243.htm,2008－12－28/2017－08－07.

[73] 苏娟娟.网络行为及反馈对内隐自尊的影响及其关系研究[J].内蒙古农业大学学报(社会科学版),2014,16(6):104—109.

[74] 苏丽萍.看《中国诗词大会》如何唤醒国人内心深处的文化自信[OL].光明日报,http://culture.people.com.cn/n1/2017/0209/c22219-29067622.html,2017-02-09/2017-02-23

[75] 谭小宏,秦启文.责任心的心理学研究与展望[J].心理科学,2005,28(4):991—994.

[76] 田录梅.Rosenberg(1965)自尊量表中文版的美中不足[J].心理学探新,2006,26(2):88—91.

[77] 田录梅,李双.自尊概念辨析[J].心理学探新,2005,25(2):26—29.

[78] 田萌.大学生思想政治教育的人文关怀和心理疏导的路径[J].文化学刊,2015(5):163—164.

[79] 挑战杯官网."挑战杯"全国大学生课外学术科技作品竞赛和中国大学生创业计划竞赛[OL].http://www.tiaozhanbei.net/focus,2017-08-25.

[80] 王穗萍,黄时华,杨锦绵.语言理解眼动研究的争论与趋势[J].华东师范大学学报(教育科学版),2006,24(2):59—65.

[81] 王葵,翁旭初.句子学习过程中的眼动特征[J].人类工效学,2006,12(1):1—3,10.

[82] 王沛,张国礼.社会认知对于归因理论与研究发展趋势的影响[J].宁夏大学学报(人文社科版),2006,28(1):105—109.

[83] 王新童.成败情境下不同归因信息对大学生内隐自尊的影响[D].吉林大学硕士论文,2013.

[84] 王玉宝.女排精神永远不老浙报详解20字内涵引发情感共鸣[OL].浙江日报,http://zj.zjol.com.cn/news/427308.html,2016-08-20/2017-08-07.

[85] 王媛丽,谢志杰,汪玉兰,南金花,张洪国,赫鹏飞.大学生内隐自尊、外显自尊与社交焦虑的关系[J].中国健康心理学杂志,2015,23(7):1025—1027.

[86] 魏景汉,罗跃嘉.认知事件相关电位教程[M].北京:经济日报出版社,2002.

[87] 魏运华.自尊的概念、结构及其测评[J].社会心理研究,1997,3:13—17.

[88] 闻羽.把握正确方向,努力开创大学生思想政治教育工作新局面[OL].人民网,http://theory.people.com.cn/n/2015/0210/c148980-26540460.html,2015-02-10/2017-08-25.

[89] 吴晶,胡浩.习近平在全国高校思想政治工作会议上强调把思想政治工作贯穿教育教学全过程开创我国高等教育事业发展新局面[OL].新华社,http://www.moe.cn/jyb_xwfb/s6052/moe_838/201612/t20161208_291306.html,2016-12-08/2017-08-25.

[90] 吴丽丽.脆弱型高自尊大学生对人际评价信息的注意偏向[D].辽宁师范大学硕士论文,2014.

[91] 吴明霞.30年来西方关于主观幸福感的理论发展[J].心理学动态,2000,8(4):23—28.

[92] 吴明证,梁宁建,许静,杨宇然.内隐社会态度的矛盾现象研究[J].心理科学,2004,27(2):281—283.

[93] 吴明证,水仁德,孙晓玲.自尊结构的压力调节作用研究[J].心理科学,2006,29(1):68—72.

[94] 吴明证,杨福义.自尊结构与心理健康关系研究[J].中国临床心理学杂志,2006,14(3):297—299.

[95] 吴文丽.病理性互联网使用青少年内隐自尊与外显自尊的关系[J].现代预防医学,2014,41(6):1054—1056.

[96] 武亚姮.中国梦是成就女排精神的根本[OL].中国青年网,http://pinglun.youth.cn/ttst/201608/t20160824_8583817.htm,2016-08-24/2017-08-07.

[97] 席明静,张月娟,李玉霞,阎克乐.抑郁症患者内隐自尊及其稳定性研究[J].中国心理卫生杂志,2007(11):756—758.

[98] 谢静,陈赛.高校思想政治教育生活化的途径探析[J].传承,2011(31):38—39.

[99] 新华社.胡锦涛在中国共产党第十八次全国代表大会上的报告[OL].http://news.xinhuanet.com/18cpcnc/2012-11/17/c_113711665_7.htm,2012-11-17/2017-08-25.

[100] 新华社.中共中央办公厅、国务院办公厅印发《关于进一步加强和改进新形势下高校宣传思想工作的意见》[OL].新华网,http://news.xinhuanet.com/2015-01/19/c_1114051345.htm,2015-01-19/2017-08-25.

[101] 徐大真.性别刻板印象之性别效应研究[J].心理科学,2003,26(4):741—742.

[102] 许静,梁宁建,王岩,王新法.内隐自尊的ERP研究[J].心理科学,2005,28(4):792—796.

[103] 徐亮,郑希付.大学生内隐自尊与恋爱满意度的关系研究

[J].黑龙江教育学院学报,2012,31(2):97—99.

[104] 徐亮,张大巍.对大学生内隐自尊与恋爱满意度的干预效果[J].中国健康心理学杂志,2014,22(11):1702—1704.

[105] 徐全.高校组织气氛与大学生心理健康和内隐自尊的关系研究[D].杭州师范大学硕士论文,2011.

[106] 徐维东,吴明证,邱扶东.自尊与主观幸福感关系研究[J].心理科学,2005,28(3):562—565.

[107] 徐维东.内隐幸福感研究[D].华东师范大学博士论文,2006.

[108] 薛黎明.宿舍内社会排斥对女大学生社交自尊、内隐自尊的影响及干预研究[D].沈阳师范大学硕士论文,2014.

[109] 阎国利.眼动分析法在心理学研究中的应用[M].天津:天津教育出版社,2004.

[110] 杨福义.内隐自尊的理论与实验研究[D].华东师范大学博士论文,2006.

[111] 杨福义,梁宁建.问题学生内隐自尊的初步研究[J].心理科学,2005,28(2):332—336.

[112] 杨宇然.中学生学习倦怠与自尊关系研究[D].华东师范大学硕士论文,2006.

[113] 殷华西.国内自尊研究概述[J].哈尔滨学院学报,2004,25(4):59—63.

[114] 俞海运.社会认知的刻板解释偏差[D].华东师范大学硕士论文,2005.

[115] 张锋,沈模卫,徐梅.社会认知神经科学:取向、研究与未来方向[J].西北师范大学学报(社会科学版),2004,41(3):109—113.

[116] 张海强."女排精神"的时代价值[OL].河北日报,http://sports.sina.com.cn/s/2005-04-19/0955546227s.shtml,2005-04-19/2017-08-07.

[117] 张静.自尊问题研究综述[J].南京航空航天大学学报(社会科学版),2002,4(2):82—86.

[118] 张力,周天罡,张剑,刘祖祥,范津,朱滢.寻找中国人的自我:一项fMRI研究[J].中国科学,C辑生命科学,2005,35(5):472—478.

[119] 张奇莉.大学生成人依恋与父母教养方式及自尊的关系研究[D].河北大学硕士论文,2013.

[120] 张荣娟.内隐自尊调节作用下高自尊的防御性和攻击性研究[D].江西师范大学硕士论文,2005.

[121] 张诗敏,李美华,耿晓伟.大学生依恋与内隐自尊的关系[J].山东省团校学报,2013(2):6—9.

[122] 张文新.初中学生自尊特点的初步研究成果[J].心理科学,1997,20(6):504—507.

[123] 张向葵,田录梅.自尊对失败后抑郁、焦虑反应的缓冲效应[J].心理学报,2005,37(2):240—245.

[124] 张镇.青少年内隐与外显自尊的发展研究[D].天津师范大学硕士论文,2003.

[125] 张镇,李幼穗.内隐与外显自尊情境启动效应的研究[J].中国临床心理学杂志,2005,13(3):318—320,326.

[126] 张镇,李幼穗.青少年内隐与外显自尊的比较研究[J].心理与行为研究,2005,3(3):219—224.

[127] 张卓.情绪的事件相关电位研究进展[J].中国心理卫生杂志,2003,17(6):406—408,411.

[128] 赵娟娟,司继伟.大学生内隐、外显自尊与嫉妒行为的关系[J].中国临床心理学杂志,2009,17(2):222—224.

[129] 赵仑.ERP 实验教程[J].天津:天津社会科学院出版社,2004.

[130] 赵毅炜.女排精神诠释崛起的中国梦[OL].中国青年网,http://pinglun.youth.cn/ttst/201608/t20160822_8575349.htm,2016-08-22/2017-08/07.

[131] 赵银平.文化自信——习近平提出的时代课题[OL].新华网,http://news.xinhuanet.com/politics/2016-08/05/c_1119330939.htm,2016-08-05/2017-08-25.

[132] 赵莹,吕勇,吴国来.大学生学业成败归因特点与自尊的关系[J].心理与行为研究,2009,7(1):67—70.

[133] 赵周贤,刘光明.女排精神:推动民族复兴的英雄基因[OL].光明日报,http://news.gmw.cn/2016-08/27/content_21665025.htm,2016-08-27/2017-08-07.

[134] 郑莉君,戈兆娇.学校组织气氛研究述评[J].辽宁师范大学学报(社会科学版),2009,32(1):51—54.

[135] 郑声文,陈为旭.用"中国梦"引领大学生责任感教育[J].扬州大学学报(高教研究版),2015(3):33—36.

[136] 钟毅平,郭文姣,黄俊伟.大学生自尊与主观幸福感的关系研究[J].宁波大学学报(教育科学版),2011,31(1):81—85.

[137] 周邦华.论新媒体语境下大学生思想政治教育的视角转向[J].学校党建与思想教育,2016(18):7—9.

[138] 周帆,王登峰.人格特质与外显自尊和内隐自尊的关系[J].心理学报,2005,37(1):101—105.

[139] 朱传林,程娟,齐正阳等.大学生内隐自尊心与责任心的关系调查报告[J].社会心理科学,2015,30(5):53—57.

[140] 朱春燕,汪凯,Lee TMC.社会认知的神经基础[J].心理科学进展,2005,13(4):525—533.

[141] 朱滢,隋洁.社会认知神经科学——一个很有前途的交叉学科[J].心理与行为研究,2004,2(2):401—404.

[142] 朱滢,张力.自我记忆效应的实验研究[J].中国科学(C辑),2001,31(6):537—543.

[143] 宗河.教育部党组发出通知要求学习好贯彻好落实好全国高校思想政治工作会议精神[OL].http://www.moe.edu.cn/jyb_xwfb/gzdt_gzdt/s5987/201612/t20161226_292969.html,2016-12-26/2017-08-25.

[144] 邹庆宇.地域刻板印象的研究[D].华东师范大学硕士论文,2006.

[145] 佐斌,刘晅.基于IAT和SEB的内隐性别刻板印象研究[J].心理发展与教育,2006,22(4):57—63.

[146] 佐斌,张阳阳.自我增强偏向的文化差异[J].心理科学,2006,29(1):239—242.

POSTSCRIPT>

后 记

这本关于自尊的专著终于完稿了。

从主题选择、资料收集,到实验设计、数据统计,再到最后的撰写修改,其中的酸甜苦辣只有经历过的人才能够体会。掌握新的技术,让我兴奋;数据统计的繁琐,让我烦躁;研究进展的顺利,让我欣喜;实验结果的不尽如人意,也会让我苦恼……当年的感慨万千已经化成了如今的淡定坦然。

十多年来,我从实验室理论研究走向咨询室实践探索,从"资深学生"成为"中青年教师",从"一人吃饱,全家不愁"到"家有二宝"。期间,我对大学生的内心世界有了更多的了解,也对大学生思想政治教育工作有了更多的感悟。我深知大学生思想政治教育工作的重要性和必要性,明白要培养能够担当民族复兴大任的时代新人,需要切实将社会主义核心价值观融入高等教育的方方面面,并将其转化为大学生的情感认同和行为习惯。我在做中学,在做中悟,思考如何将自己关于内隐自尊的理论归纳和实证探索运用于大学生思想政治教育工作,特别是心理健康教育实践之中,尽自己的微薄之力构建大学生的"四个自信"、引发他们与中国梦的情感共鸣,促成他们对习近平新时代中国特色社会主义思想的认同。

光阴似箭,岁月如梭。在整个求学任教的过程中,我是幸运的,遇到了太多的良师益友,获得了太多的支持指导。

首先要感谢的是我亲爱的导师梁宁建教授。感谢他从第一堂心理学课开始,带我走进心理世界;感谢他在学术上对我的悉心指导,鼓励我尝试新仪器、开拓新视角;感谢他在生活上一直以来对我的关怀,让我感到了慈父般的温暖。梁老师认真严谨的治学风范、豁达自得的生活态度感染着我,是我一辈子的财富。

感谢敬爱的孔克勤老师。感谢孔老师一直以来在学习和生活上给予我的帮助和关心,在关键时刻对我的支持和提携。衷心感谢杨治良老师、吴庆麟老师、乐竞泓老师、刘永芳老师、张卫东老师、邵志芳老师等心理系众多老师九年里对我的教导。感谢心理实验室的王岩老师和王新法老师在实验过程中为我提供的技术支持。

感谢当年在华东师大心理咨询中心工作的叶斌老师、张麒老师,为我开启了一个将理论用于实践的舞台。感谢华东师范大学青少年心理健康教育研究与培训中心,让我在行动研究方面积累了经验。感谢希希、晓慧、林麟、许波、素素、张亚、蔡丹、马东、淳颖、李纹、高爽、小易等在咨询中心结识的一帮好友。

感谢上海大学心理辅导中心的老领导赵小青老师,接纳我进

后 记

入上大心理团队,教会我如何持续学习、创意生活。感谢心理中心总督导秦伟老师在专业成长上的传授和指导,让我在临床实践中更有底气。感谢心理中心主任汤琳夏老师,在个人发展和专业培养上给我的机会与支持,她的领导素养和工作理念值得我学习。感谢姜艳、朱艳、潘歆、季文泽、肖华、婴宁、庆涛、倪伟、雷开春、徐龙海、胡彬等新老工作伙伴,谢谢你们在工作、学习、生活等方面的分享。

感谢梁门同门张乐平日的沟通和在我论文答辩过程中的付出,感谢师弟姚美雄、学妹梁倩在眼动实验中的协作,感谢吴明证师兄和杨福义师兄在内隐社会认知研究领域的交流与启发,感谢同门俞海运在刻板解释偏差研究方面的开创性工作,感谢刘继亮师兄在就业求职方面的鼓励和帮助,感谢奚珣、张芳、徐维东、章震宇、殷芳、贺雯、李宁、祁乐瑛、邹玉梅、高旭辰、沈宁、孙永丽、郑翠玲、金俊清、宋桂花、皮力等同门的支持。感谢那些志愿给我当被试的同学们,谢谢你们的勇气和对我的信任。还要感谢生命中陪我走过或长或短一段旅程的朋友们。

感谢我亲爱的爸妈,将我抚养长大,教我处世做人,在物质和精神上始终默默付出。感谢我的公婆,在生活上对我们细心照料,为我们消除后顾之忧。感谢我的先生潘晟,一直支持和鼓励我,彼此扶持,共度风雨。最后,还要感谢可爱的潘跃绮和潘兴娴,谢谢你们给我带来的快乐和感动,祝愿你们健康平安地成长,永远快乐,永远自信!

许 静
2017年10月于苏州河畔